无资料地区水文模拟技术研究

王加虎　李　丽　张磊磊　著

U0353893

中国矿业大学出版社

·徐州·

内 容 简 介

随着社会经济的发展以及全球气候变化和人类活动的影响,水问题越来越突出。传统的水文模拟和洪水预警预报需要大量的站点观测资料,大大限制了无/缺资料地区水文预警预报工作和水资源规划管理工作的开展。近些年来,遥感雷达等信息技术和分布式水文模型等水文模拟技术的高速发展,为无/缺资料地区的水文预报和模拟研究带来了新的机遇。本书内容翔实、结构合理,适合数字水文及分布式水文模拟相关人士以及广大爱好者学习使用。

图书在版编目(CIP)数据

无资料地区水文模拟技术研究 / 王加虎,李丽,张磊磊著. —徐州:中国矿业大学出版社,2019.12
ISBN 978-7-5646-4584-7

Ⅰ.①无… Ⅱ.①王… ②李… ③张… Ⅲ.①水文模拟—研究 Ⅳ.①P334

中国版本图书馆 CIP 数据核字(2019)第 298500 号

书　　名	无资料地区水文模拟技术研究
著　　者	王加虎　李丽　张磊磊
责任编辑	何晓惠　何晓明
出版发行	中国矿业大学出版社有限责任公司
	(江苏省徐州市解放南路　邮编 221008)
营销热线	(0516)83884103　83885105
出版服务	(0516)83995789　83884920
网　　址	http://www.cumtp.com　E-mail:cumtpvip@cumtp.com
印　　刷	江苏凤凰数码印务有限公司
开　　本	787 mm×1092 mm　1/16　印张 14.25　字数 271 千字
版次印次	2019 年 12 月第 1 版　2019 年 12 月第 1 次印刷
定　　价	55.00 元

(图书出现印装质量问题,本社负责调换)

《无资料地区水文模拟技术研究》
编写单位及成员名单

编写单位

河海大学
中国电建集团华东勘测设计研究院有限公司
水电水利规划设计总院
中水东北勘测设计研究有限责任公司
浙江省水利水电勘测设计院

编写组成员

（按姓氏音序排列）

程开宇	高 洁	郭 靖	计金华	康 颖
李 丽	刘翠杰	马 良	唐俊龙	王加虎
王建中	徐郡璘	杨百银	尹华政	岳青华
张发鸿	张磊磊	朱 聪	邹 浩	

前　言

　　无/缺资料地区的水文预报和模拟研究一直是水文学科的热点。由于全球气候变化和人类活动的影响,水问题越来越突出。传统的水文模拟和洪水预警预报需要大量的站点观测资料,大大限制了无/缺资料地区水文预警预报工作和水资源规划管理工作的开展。近年来,遥感雷达等信息技术和分布式水文模型等水文模拟技术的高速发展,为无/缺资料地区的水文预报和模拟研究带来了新的机遇。国际水文科学协会(IAHS,International Associdion of Hydrological Sciences)于 2003 年 7 月正式启动了 PUB(Prediction in Ungauged Basins)国际水文计划,全力进行无资料区域水文预报问题的研究。在 PUB 国际水文计划进行的同时,中国也开展了相应的 PUB 研究,并于 2004 年正式成立了 PUB 中国工作委员会。在这个背景下,越来越多的学者着眼于无/缺资料地区的水问题研究,内容涉及遥感雷达资料的应用(如植被、土壤、降水、辐射等)、基于上述资料的水文模型构建、模型参数移用等多个方面。

　　本书为作者多年从事水文过程模拟、分布式水文模型研发及应用、无资料地区洪水预警等研究工作所积累的研究成果总结,研究内容涉及遥感资料的应用、水文分区、相似流域、无资料地区水文模型构建、模型参数移用等。在成稿过程中,安贵阳高工、冯艳高工、康颖高工、徐郡璘高工、孟谨博士、缪泉工程师、申瑞凤工程师、石晓丹工程师、习雪飞工程师、徐秀丽工程师、余娇娇工程师、袁莹工程师、赵永超工程师、陈明霞硕士等也参与了部分研究和书稿的编辑整理工作,在此表示感谢。此外,感谢张发鸿教高、刘翠杰教高、岳青华教高、计金华教高、邹浩高工、王建中高工、郭靖高工、朱聪高工在相关研究过程中的指导和帮助。

　　本书也是课题组多年来研究项目的成果积累,包括国家自然科学基金项目"防洪拦、滞、蓄工程群水文效应的分布式模拟研究"(编号:41271042),国家自然科学基金青年基金项目"分布式水文模拟中的尺度问题及其不确定性影响研究"(编号:40801012),国家自然科学基金项目"土壤水蚀过程中的重力侵蚀模拟研究"(编号:51369009),国家重点研发计划项目"多尺度水文水资源预报预测预警关键技术及应用研究"(编号:2016YFC0402704)等。

本书的出版得到了国家重点研发计划重大自然灾害监测预警与防范重点专项"变化环境下流域超标准洪水及其综合应对关键技术研究与示范"（2018YFC1508000）、中国电建集团华东勘测设计研究院有限公司"大流域梯级水库群基于陆气耦合模式的分布式水文预报系统研究"等项目的资助。

由于水平有限，书中还存在着不完善和需要改进的地方，也难免会存在一些问题，希望与水文学界的专家学者共同探讨，恳请读者批评指正，以便更好地完善和进步。

著 者
2018 年 12 月

目　　录

第 1 章 绪 论

1.1 研究背景

目前,水问题越来越突出,迫切需要以流域水文循环过程及其演变规律为基础,利用水文模拟技术展开研究,加强水资源的管理[1]。然而,由于受到气候、地貌、测量条件等方面的限制,仍然存在很多缺资料甚至无资料的地区,同时由于自然、人为等因素使得有些监测资料几乎丧失了可用性,严重影响了水文模拟工作的正常进行。近年来的世界气象组织数据显示,全球的水文站点数量以及控制面积急剧减少[2],可以预见,无资料地区的预测问题将日益普遍。而传统流域水文模型依赖于充足的水文资料,限制了其在无资料区域的应用。随着计算机技术和信息技术的迅速发展,对流域时空变化规律的描述和模拟能力逐步加强,水文模拟建模经验逐渐丰富,加快了水文模拟技术的发展[3]。如何充分利用新技术,减小参数确定对当地地面观测数据的依赖性,是近年来研究的热点和难点。

国际水文科学协会于 2003 年 7 月正式启动了 PUB 国际水文计划[4],目的是用未来 10 年时间全力解决无资料区域水文预报问题。该计划尝试在已有的水文理论、对地测量、遥感等成果的基础上,寻求水文模拟新方法,以解决无/缺资料地区的水文预测问题,减少预报中出现的不确定性情况,以满足生产和社会发展需要。世界上普遍存在的下垫面状况以及气候条件在我国均有所包含,所以开展我国水文问题的研究将面临更多的挑战。

1.2 无资料地区水文预报现状

无/缺资料地区的水文预报和模拟研究一直是水文学科的热点,早在 PUB 计划启动之前众多学者就开始探寻不同模型的参数与对应的流域特征之间的相关关系,试图通过流域特征值来确定无/缺资料地区的模型参数,从而实现无/缺资料地区的流域水文模拟和预报。

已有的 PUB 研究方法大致可分为以下 4 类：一是充分利用已有资料的流域响应信息，将其推至无资料地区（即区域化方法）；二是建立具有物理机制的水文模型，减少对资料的依赖；三是利用雷达、卫星等多源数据信息获取无资料流域情况；四是建立无须降雨输入的气象-水文耦合模型，解决无资料的问题[5]。

在众多方法中，应用较为普遍的是区域化方法。该类方法由有资料地区的模型参数来推求无资料地区的参数，从而对无资料地区进行水文预报。通过参数区域化，无须依赖水文模型参数率定，可直接获得研究区域的模型参数值[6-8]。其理论依据为：气候条件、下垫面及水文气象特征差别比较小的流域之间往往产汇流机制接近。

区域化方法主要包含属性相似法、回归法以及空间相近法[9]。属性相似法指的是寻求和无资料区域在属性上比较相似的一个（或多个）区域，将其参数当作无资料区域的参数；回归法指的是根据有资料地区的流域属性值和模型参数值构建两者间的回归方程，再通过无资料地区流域属性值来推出模型参数值；空间相近法指的是寻求和无资料区域在距离上比较接近的一个（或多个）有资料的流域，将其参数作为无资料区域的参数。其中，回归法的建立需满足两个条件：首先，要选择可以较好代表流域属性的特征值；其次，流域属性与模型参数之间具有很好的关系。但异参同效现象的存在，可能会出现多组参数，使相关关系的建立很困难。同时，有资料流域的个数也要达到一定程度。Xu[10]认为，要更好地构建回归方程，需要有资料流域 20 个，最少也要有 10 个。

许多学者同时将这 3 种方法应用于无资料流域的径流预报，并进行对比。Young[11]采取 PDM 模型研究英国 260 个流域，研究结果发现，相对于属性相似法和距离相近法，回归法更优。Oudin 等[12]采取 TOPMO 与 GR4J 模型研究法国 913 个流域，发现回归法最差，而距离相近法最优。Kokkonen 等[13]认为，如果有资料流域和无资料流域水文相似，则通过移植有资料流域率定的参数，比用回归法效果更佳。李红霞[14]通过研究澳大利亚东南区域 210 个流域，并比较了回归法、属性相似法和距离相近法，发现属性相似法和距离相近法模拟结果较好，其中后者略高于前者，回归法模拟效果比较差。而且提出了综合相似法和分类回归法，前者是在属性相似法和距离相近法基础上提出的，后者是在回归法基础上提出的，提高了预报精度。不同的研究者得出的结果有所差异，主要是因为选用的模型、流域、数据、属性值、相似度计算方法以及参考流域个数不同。由此可见,不同的区域适用的方法一般相同,需根据实际应用的需要加以选择。

此外,无资料地区常用的水文预报方法还有水文比拟法、参数等值线图法、地区经验公式法、随机模拟法、年径流系数法、综合单位线法、综合瞬时单位线法、推理公式法、等流时线法、参数分解法等。例如:朱小荣等[15]以陆水流域的毛家桥和白霓桥两站为例,采用水文比拟法求设计站的径流量;刘冬梅[16]提出当设计流域和参证流域降水和下垫面条件差异较大时,利用水文比拟法进行径流计算,不仅降水量需进行修正,而且径流系数也需修正;徐华[17]在资料短缺地区分别使用地区洪峰流量模比系数综合频率曲线法和水文比拟法计算洪峰流量,发现地区洪峰流量模比系数综合频率曲线法相对合理,由于参证流域与设计流域面积相差较远,水文比拟法误差较大,仅能作为参考;杨鸣婵等[18]将参数等值线图法与水文比拟法相结合,构建了由参证站的观测径流推求出目标站年、月径流的综合分析法,指出该方法仅适用于参证站与设计站流域面积相差较大的情况;姚锡良等[19]结合设计雨型分配和不同土地利用类型的产流系数法(简称雨型径流系数法),以汕头金平区某涝区为研究对象,探求了该方法在无资料较小集水区域的适用性。

由此可见,随着PUB计划的启动,对无资料地区水文预报的研究也随之进入高潮,无论是寻找参证流域,还是探索模型参数与流域特征的关系,水文界的专家学者都进行了探讨。

1.3 水文模型的参数移用研究现状

水文模拟技术依据水文循环过程,充分利用已有资料,将其作为模型的输入,适合进行无/缺资料流域的水文预报,因此在PUB研究中发挥着重要作用。进行水文模拟时,选用的模型可分为集总式水文模型和分布式水文模型。其中,分布式水文模型能很好地描述流域内部的水文循环时空变化规律,为无资料地区的水文预报提供了一条可行之路。

计算机技术、遥感技术的发展,为无/缺资料地区的水文模拟提供了更有效的手段。但是如何将无资料地区的参数移用与水文模型相结合,采用水文模型对无资料地区进行水文预报是目前研究的难点和热点。由于水文系统是个复杂的非线性系数,各种影响产生汇流的因子之间是相互影响的。因此,如果模型中的参数过多,很难使各参数相互独立,不互相影响,从而给无资料流域模型参数的确定带来较大困难,因此如果要把模型移用到无资料区域,应在保证模拟精度的前提下,尽可能使用较少的模型参数,尤其是具有物理意义的模型参数,更适用于无资料地区的水文模拟。目前,常用的无资料地区模型参数确定方法包括参数估计、参数移植以及参数区域回归方法等,其中参数移植法在实际预报工作中的应用更为广泛。但是由于各种水文要素及参数的空间分布不均匀,在无资料地区直接进行参数移植的预报精度并不高,这是无资料地区水文模拟急需要解决的问题。

很多专家、学者为此开展了大量工作。Yokoo 等[20]利用研究区域的特征属性值与 Tank 模型的参数构建回归方程,为无资料地区的参数确定提供了参考。Kokkonen 等[13]则通过研究认为若参证流域与目标流域的水文响应相似,参数移用的结果优于回归法。Merz 等[9]基于 HBV 模型对奥地利 300 多个流域进行属性相似法参数移植评定,发现利用流域坡度、干旱指数以及森林覆盖率这三种属性进行相似分析后参数一致效果最好。Zhang 等[21]通过回归法分析了 SIMHYD 模型的优选参数值与流域特性(气候、地形、植被及土壤特性)之间的相关关系,结果表明相关性较差。Young 等[11]基于 PDM 模型,对英国 260 个流域分别采用距离相近法与参数回归法,对其中的缺资料地区进行了参数确定,发现参数回归法的效果优于参数移植法。Zhang 等[22]将区域化方法中的距离相近与属性相似相结合,结果表明模拟精度有所提高。He 等[23]对莱茵河的 27 个集水区域采用了多位标度与局部方差消减法相结合的方法进行了区划分析,在选定参证流域后,对无资料地区进行了参数移植,结果表明拟合程度较高。Onema 等[24]通过主成分分析法以及聚类分析对尼罗河 21 个流域的流域特征值进行相似分析,将其划分为两大类,为无资料地区的水文预报问题提供了依据。

国内对解决我国无资料地区水文预报问题的研究也主要集中在 PUB 计划启动以后。孔凡哲等[25]以地形指数作为水文相似性指数,选取具有相同地形指数频率分布的流域进行 TOPMODEL 模型参数移植。井立阳等[26]在三峡区间流域上,分别对流域特征值及新安江模型参数建立相关关系,再反演推求参数值,其结果在长江三峡区间实时洪水预报中得到应用,这也为无资料地区的水文模拟提供了一条可行的途径。李亚伟等[27]提出了将基于主成分分析与系统聚类分析相结合来选取相似流域,为相似流域的选择提供了较好的定量分析工具。戚晓明等[28]从流域下垫面、河网发育、产汇流影响因素等多个角度,探索性地提出了多个水文相似性评定指标,同时采用层次分析法计算相似指标在相似程度中的权重,为定量化研究水文相似问题提供了新思路。甘衍军等[29]基于遥感数据得到东西汉湖集水流域的土地利用、土壤类型数据,并依据该数据确定 SCS 模型参数,同时利用径流系数法对模拟精度进行了验证,结果表明较为可靠。李偲松等[30]采用主成分分析法对 53 个水库流域进行聚类研究,找出相似流域,并在此基础上实现无资料地区的参数移植,应用结果表明该方法有效可行。姚成等[31]基于新安江模型,在位于皖南山区的嵌套式屯溪流域开展无资料地区水文模拟研究,结果表明在地形指数分布曲线相似的条件下,移植产流参数效果较好,采用地貌单位线进行汇流计算时,参数移植较好,揭露了参数移植与流域地形地貌的相关关系。赵文举等[32]基于变异系数法量化流域水文相似度,选取了石羊河流域无资料地区的参证流域进行参数移植,达到理想精度,有效解决了西北内陆河流域无观测资料地区的径流模拟问题。施征等[33]基于数字流域特征,对 20 个水库流域进行相关分析、聚类分析,最终判定相似流域,对无资料地区进行了新安江模型参数的确定,取得了较好的结果。庄广树[34]通过利用武江流域观测的雨洪资料,对改进的 HBV 模型参数进行率定,并由地貌参数法推求无资料地区模型参数,结果表明效果较好。但由于许多模型参数之间存在着自相关性,要想准确描述模型参数与流域下垫面特征值之间的相关关系也并非易事,因而在实际应用中遇到了很多困难。为了避开建立流域特征值与模型参数之间的相关关系,黄国如[35]利用 GIS(Geographic Information Systems)技术得到东江流域的地形特征值,并建立了流域特征值与流量历时曲线(FDC)之间的相关关系,从而得到区域化流量历时曲线。降水径流模型采用 TOPMODEL 模型,利用区域化的 FDC 作为参数优化的目标函数,为无实测流量资料地区的水文模拟提供了便利。柴晓玲[36]通过参数优选后移用至无资料地区,对比分析了 IHACRES 模型与三水源新安江模型在无资料地区的径流模拟结果。

众多研究表明,由于气候、地理、土壤、地质等因素的空间变异性和水文模拟技术本身发展的局限性以及模型选用的差异性,不同地区适用的参数确定方法也不同。

第 2 章　基于遥感资料的蒸散发计算

水体表面、土壤和植被的水分从液态变为气态进入大气的过程称为蒸散发。蒸散过程在自然界中主要表现为三种状态:水面蒸发、土壤蒸发和植被蒸腾。发生在水面(海洋、河流、湖泊等)下垫面上的蒸散称为水面蒸发;发生在裸露地表(无植被覆盖)的蒸散称为土壤蒸发;发生在植被冠层上的蒸散称为植被蒸腾或散发。其中,有植被覆盖的地表上的蒸散包括土壤蒸发和植被蒸腾。

从全球和区域水文循环过程来看,蒸散是地表水、土壤水等液态水向大气水的逆转过程。蒸散为水量平衡支出项中的重要组成部分。陆地地表的水分蒸散约占其降雨量的 70%,而在干旱/半干旱的灌溉区,多年平均蒸散量为年降雨量的数倍。从物质转移和能量平衡的角度看,蒸散是能量传输的重要环节。被大地表面吸收的太阳辐射能,在使地面增温的同时,一部分通过水分蒸发转移到大气,从而影响区域气候的形成。

蒸散发的形成及蒸散[①]的速率受到很多因素的影响,主要表现在以下几个方面。

(1)气象因素:包括辐射、气温、湿度、气压、风速等。太阳辐射决定着蒸散过程中能量的供给;而蒸散产生的水汽向大气中进行扩散的过程又受气温、湿度、气压、风速等因素影响。

(2)地表含水率:包括植被冠层含水率和土壤的湿度,地表水分为蒸散提供水汽源,它是蒸散发生的必要条件。

(3)植被的生理特性:蒸散发的强度与叶面指数密切相关。植物种类及植物的不同生长阶段,影响叶面指数,进而也会对蒸散发造成影响。

(4)地表结构及粗糙度:不同地表下垫面,影响蒸散的因子不同。水面蒸发主要受气象因素影响。裸土(无植被覆盖)条件下的蒸发主要受气象因素和地表含水率共同影响。有植被条件下的陆面蒸发则受到以上 3 种因素的共同

---

① 注:"蒸散"是"蒸散发"的简化说法,包括水分从土壤、水面直接蒸发及从植物叶面和根系逸散两部分;"蒸发"指水分从土壤、水面的直接蒸发。

作用。

在水文模拟中,蒸散发是水文循环中非常重要的一部分,流域的蒸散发损失在中长时段的水文模拟中亦占有相当大的比例。从 1802 年 Dalton 提出计算蒸发的公式以来,关于蒸散发理论的研究取得了许多重要成果,主要分为潜在蒸散发和实际蒸散发两种。潜在蒸散发被认为是在一定的气象条件下水分供应不受限制时,某一下垫面可能达到的最大蒸发量[37]。而实际蒸散发则是指在地表的植被和实际状况对土壤水分供给有所胁迫的情况下,某一区域的蒸散发量。众多研究表明,蒸散发过程同时受气象状况、土壤水分、植被等多种因素影响,其研究不仅涉及土壤学、植物学、气象学和气候学,而且还与水文学、地球物理学等其他学科密切相关。

2.1　计算方法概述

迄今为止,传统的蒸散发获得方法大致可分为两大类:根据实测陆面资料推算,或根据不同的蒸散发理论及大气等观测资料估算[38]。前者有液流法[39]、蒸渗仪法[40]、波文比法[41]、涡度相关法[42-44]等;后者有水量平衡法[45]、能量平衡法[46]、辐射法[47]、综合法(如著名的 Penman-Monteith 模型[48])、互补相关理论法[41]等。

传统的基于实测资料所推算的蒸散发大都基于局地尺度,而对于较大空间尺度上陆面特征和水热传输的非均匀性,用传统方法难以获取[49-50]。从 20 世纪 70 年代起,遥感技术的出现和发展为解决尺度问题带来了新的方向,并且开始作为一门独立的学科提出了一些估算区域蒸散发的方法。

能量平衡原理是遥感技术应用的重要理论基础。随着遥感技术的发展和应用,利用遥感技术估算蒸散发已成为研究的热点和趋势。遥感技术不能直接测量蒸散发,但比起传统的气象学和水文学方法,遥感技术在两方面具有重要作用:首先,遥感技术提供了外推站点测量或将经验公式应用到更大区域的方法,包括气象资料极其稀少的地区;其次,遥感资料可以用于计算能量和水分平衡中的变量,如温度等。因此,利用遥感方法计算区域尺度上的日蒸散发量能得到更准确的结果[51]。遥感方法大体可分为 4 类:统计经验法、能量余项法、数值模型、全遥感信息模型。

2.1.1　统计经验法

统计经验方法把站点通量观测与遥感测量相结合,利用已有观测资料拟合热通量与遥感参数(一般是地表温度和植被指数 NDVI)的关系,然后计算研究区域上的潜热通量。Jackson 等[52]提出采用正午的热红外地表温度与气温之差估算全天的显热通量,这种方法简单易行,只需要中午的一次热红外温度观测就可以计算全天的蒸散量。但这种方法没有考虑土壤热通量,有云时的蒸散量是根据连续的晴空蒸散量推算的[53],显热通量与温差的经验关系多是通过观测值回归得到,有很大的区域局限性。

2.1.2　能量余项法

能量余项法以能量平衡为根本,其基本思想是在不考虑平流作用情况下将潜热通量作为能量平衡方程的余项进行估算,能量平衡各分量都由遥感数据结合地面观测气象数据求得。根据分层不同,能量平衡法分为一层模型和双层模型。

一层模型不区分土壤和植被,把地表看作一张大叶与外界进行水分和能量交换,因此也称为大叶模型。其表达方程式如下:

$$\lambda ET = R_n - H - G; H = \rho_a c_p \frac{T_s - T_a}{r_a} \qquad (2-1)$$

式中,R_n、G 分别为净辐射量和土壤热通量,W/m^2;H 与 λET 分别为显热通量和潜热通量,W/m^2;$T_s - T_a$ 为参考高度处温度差,℃;r_a 为空气动力学阻抗,s/m;ρ_a 为空气密度,kg/m^3;c_p 为空气比定压热容,$J/(kg \cdot ℃)$。

一层模型在求解上存在一个问题:利用遥感技术测量到的地表温度并不是蒸散发冠层的空气动力学温度。对此有两种修正方法:一是在空气动力学阻抗中加一项"剩余阻抗"[54-56];二是利用经验公式来调整地表温度和空气动力学温度的关系。

由于一层模型只能在下垫面被低矮植被均匀覆盖的条件下适用,Shuttle-Worth 和 Wallce 在 1985 年提出双层模型,即 S-W 双层模型。双层模型分别计算植被及其下层土壤的潜热通量和显热通量,将一层模型中的表面阻抗分解为冠层阻抗和土壤表面阻抗两部分,分离了作物蒸散和土壤蒸发,并用遥感表面温度计算土壤和植被温度,解释了空气动力学温度和表面辐射温度之间的差别。双层模型较好地描述了稀疏植被下土壤和植被能量耦合规律,在植被稀疏地区得到了广泛应用[57-59]。

2.1.3 数值模型

数值模型是在考虑了土壤-植被-大气间能量传输物理特性的基础上,模拟能量通量连续变化过程的模型。数值模型研究中,陆面过程研究已成为当前地球科学领域的一个前沿课题。陆面过程是指发生在陆地表面土壤中控制陆地与大气之间水分、热量和动量交换的作用过程,包括地面上的热力过程、水文过程和生物过程,地气间的能量和物质交换以及地面以下土壤中的热传导和水热输送过程等。陆面过程发展至今,已经进入第三代,其研究着重点在"土壤-植物-大气"的水热通量交换上,它的优点在于能够详尽地描述土壤和植被冠层的水热过程;然而,它需要大量的地表特征参数,有些甚至难以用日常的遥感手段获取,限制了它在遥感领域的更广泛应用[60]。

2.1.4 全遥感信息模型

全遥感信息模型是指以全遥感信息反演裸地蒸发等变量的方法,从而摆脱模型对气温、风速等非遥感参数的依赖。目前,这类模型的基本思想是通过遥感信息计算出波文比或蒸发比,这样可以分割地表能量平衡中感热和潜热的比值,然后通过能量平衡方程估算潜热通量。由于这类模型只能在特定的环境条件下(如在气候干燥的地区或沙地、地表反照率和地表温度有很大的变异性以及图像上的大气条件不变等情况),才能实现用遥感信息推导波文比或蒸发比,因此,全遥感信息模型在原理上还有待进一步改进[61]。

2.2 MODIS 数据简介

从1991年起,NASA(National Aeronautics and Space Administration, 美国国家航空航天局)正式启动了把地球作为一个整体环境系统进行综合观测的地球观测系统计划,旨在深入调查和研究全球环境变化、全球气候变化和自然灾害增多等全球性问题。地球观测卫星EOS(Earth Observing Satellites)

是美国地球观测系统计划的组成部分,其第一颗上午星(EOS-TERRA)于1999 年 12 月 18 日发射升空,过境时间为当地时间上午 10:30(以取得最好光照条件并最大限度减少云的影响)和晚上10:30,其目标是实现从单系列极轨空间平台上对太阳辐射、大气、海洋和陆地进行综合观测,获取有关陆地、海洋、冰圈和太阳动力系统等信息,进行土地覆盖和土地利用研究、自然灾害监测与分析、气候季节和年际变化研究、长期气候变率和变化研究以及大气臭氧变化研究等,实现对地球环境变化的长期观测和研究。上午星共有星载遥感观测平台 5 套,依其分辨率的不同,覆盖全球的时间在 1 天(14.2 条轨道)~16 天(约 233 条轨道)一次。下午星(EOS-AQUA)于 2002 年 5 月 2 日成功发射,过境时间为下午 2:30 和凌晨 2:30,这颗卫星的主要任务是研究地球水循环,它的观测结果有望增进人们对全球气候变化的了解,并可用来进行更准确的天气预报。EOS-AQUA 卫星上共载有 6 个传感器,它们分别是:云与地球辐射能量系统测量仪、中分辨率成像光谱仪、大气红外探测器、先进微波探测器、巴西湿度探测器和地球观测系统先进微波扫描辐射计,这 6 个仪器将对地球海洋、大气层、陆地、冰雪覆盖区域以及植被等展开综合观测,收集全球降雨、水蒸发、云层形成、洋流等水循环活动数据。目前卫星和星上的各类仪器运行正常,在许多领域的应用取得了较好效果。

MODIS(Moderate-resolution Imaging Spectroradiometer)是搭载在 Terra 和 Aqua 卫星上的中分辨率成像光谱仪,是美国地球观测系统计划中用于观测全球生物和物理过程的重要仪器。MODIS 自 2000 年 4 月开始正式发布数据,NASA 对 MODIS 数据以广播 X 波段向全球免费发送,我国目前已建立了数个接收站并分别于 2001 年 3 月前后开始接收数据。由于 NASA 对MODIS 数据实行全球免费接收的政策,使得 MODIS 数据的获取十分廉价和方便。目前,进行全国或者全球尺度的长时间序列影响研究时,一般使用MODIS 数据,此数据亦可以应用在大气容量、气溶胶、PM2.5 等的研究中。MODIS 数据主要有 4 个特点[62-64]。

(1) 全球免费。NASA 对 MODIS 数据实行全球免费接收的政策(Terra 卫星除 MODIS 外的其他传感器获取的数据均采取公开有偿接收和有偿使用的政策),这样的数据接收和使用政策对于目前我国大多数使用者来说是不可多得、廉价并且实用的数据资源。

(2) 光谱范围广。MODIS 数据涉及波段范围广(共有 36 个波段,光谱范围为 0.4~14.4 μm),数据分辨率比 NOAA-AVHRR(Advanced Very High Resolution Radiometer)有较大的进展(辐射分辨率达 12 bits,其中两个通道的空间分辨率达 250 m,5 个通道为 500 m,另 29 个通道为 1 000 m)。这些数据均对地球科学的综合研究和对陆地、大气和海洋进行分门别类的研究有较高的实用价值。

(3) 数据接收简单。MODIS 数据接收相对简单,它利用 X 波段向地面发送数据,并在数据发送上提高了纠错能力,以保证用户用较小的天线(仅 3 m)就可以得到优质信号。

(4) 更新频率高。Terra 和 Aqua 卫星都是太阳同步极轨卫星,Terra 在地方时(本地时间)上午过境,Aqua 在地方时下午过境。Terra 与 Aqua 上的 MODIS 数据在时间更新频率上相配合,加上晚间过境数据,对于接收 MODIS 数据来说,可以得到每天最少 2 次白天和 2 次黑夜更新数据。这样的数据更新频率,对实时地球观测和应急处理(例如森林和草原火灾监测和救灾)有较大的实用价值。

监测蒸散发热红外遥感用到的相关参数如下:

(1) 地表温度。地表温度(Land Surface Temperature,LST)是陆气界面上水热过程之间相互作用和能量通量传输的一个重要参数,被广泛应用于国防、军事、农业环境、资源生态等各种科学研究之中,同时,它也是陆地水文中的一个极其重要的参数,是陆面蒸散发机制的主要制约因子之一。目前借助于遥感技术的各种卫星传感器(如 AVHRR、MODIS 等)对地表温度进行估算,是获取地表湿度的一个有效途径。

MODIS 卫星遥感影像的 29～36 通道为热红外通道,可用来监测地球表面的热量变化。具有高时间、高光谱分辨率及全球免费接收的优势,在生态环境监测、全球气候变化以及农业资源调查等诸多研究中具有广泛的应用前景。目前在基于 MODIS 影像的地表温度的反演中,应用最多、最成熟的是劈窗算法。

(2) 地表反照率。地表反照率是指单位面积内反射的太阳辐射占入射太阳总辐射的比例,它受下垫面状况、入射辐射的光谱分布、太阳天顶角等因素的影响,区域分异性强。地表反照率决定了多少辐射能被下垫面所吸收,并对地表温度、感热通量、潜热通量产生影响,是描述地表能量辐射收支平衡的重要参数。地表反照率由大气外反照率经大气辐射校正后获得,大气外反照率由各波段光谱反射率加权求得[65]。

目前地表反照率的区域分布可以通过遥感资料结合地面实测的地表反照率进行拟合获得。

(3) 地表比辐射率。地表比辐射率又称发射率,指在同一温度下地表发射的辐射量与一黑体发射的辐射量的比值。比辐射率是反映物体热辐射性质的一个重要参数,与物质的结构、成分、表面特性、温度以及电磁波发射方向、波长(频率)等因素有关。由斯特藩-玻尔兹曼定律可知,比辐射率与同温度、同波长时该物体对电磁波的吸收率相同。

(4) 植被指数。植被指数能反映植物生长状况,该指数随生物量的增加而迅速增大。在遥感反演中,利用植物叶面在可见光红光波段有很强的吸收特性、在近红外波段有很强的反射特性,通过这两个波段测值的不同组合可得到不同的植被指数。

归一化植被指数(NDVI)为红光和近红外两个通道反射率之差除以它们的和。在植被处于中、低覆盖度时,该指数随覆盖度的增加而迅速增大,当达到一定覆盖度后增长缓慢,所以适用于植被早、中期生长阶段的动态监测。NDVI能反映出植物冠层的背景影响,如土壤、潮湿地面、雪、枯叶、粗糙度等,且与植被覆盖有关[66]。

2.3 SEBAL 模型

在地球表层,存在多种能量交换过程,除分子热传导、辐射和对流方式外,还存在着平流、湍流和因水的相变而引起的热量转换形式。地表得到的太阳净辐射是各种热量交换的基础,其能量分配形式主要包括用于土壤(或其他下垫面)升温的土壤热通量,用于水分蒸发(凝结)的潜热通量及用于大气升温的感热通量,另外还有一部分消耗于植被光合作用和生物量增加,这一部分能量通常所占比例较小,常被忽略不计。

在蒸散发的各种计算方法中,遥感方法被认为是一种经济、有效地提供地区和全球范围真实耗水状况的技术[67],地表能量平衡算法(Surface Energy Balance Algorithm for Land,SEBAL)模型则是一种基于遥感影像并通过计算陆表能量平衡来计算蒸散发的方法。该模型由 Bastiaanssen[68] 开发,并在许多国家和地区得到了验证,包括西班牙、意大利、巴基斯坦、斯里兰卡、中国。

2.3.1 模型概况

SEBAL 模型是一种用最少的地面数据来计算能量平衡各分量的方法,它利用能量平衡余项法估算图像获取时刻的瞬时蒸散,利用卫星传感器上的光谱辐射数据和一般的地面气象数据来计算地表的能量平衡。该模型的原始输出为耗水量,或真实蒸散发(非潜在或参考蒸散发 ET)及农作物和植被的生物量。这些输出可以利用 SEBAL 模型中的 ET 和基于地面气象站观测计算的参考蒸散发的比值进行周、月、季及更长时间尺度的扩展,以获得与原始遥感影像同一空间分辨率的周、月、季等时间尺度的蒸散发空间分布。其最大的优点在于最大限度地降低了许多蒸发模型对地面观测数据的依赖,只需研究区的日照时数、一个气象站点的风速就可以计算区域内逐像元的实际蒸散发空间分布。

　　SEBAL 模型是一个有效地利用遥感影像观测到的可见光、近红外以及热红外辐射数据计算 ET 及地表能量交换的模型,由 25 个计算步骤组成,ET则作为能量平衡的一部分进行逐个像元的估算。其基本过程如图 2-1 所示。

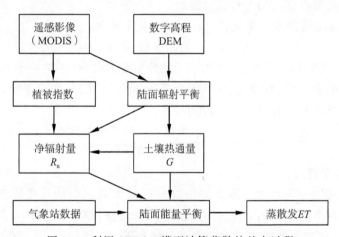

图 2-1　利用 SEBAL 模型计算蒸散的基本过程

　　根据地表能量平衡方程,SEBAL 模型区域蒸散发计算的总方程式为:

$$LE = R_n - H - G \tag{2-2}$$

式中,LE 为潜热通量,W/m^2;R_n 为地表净辐射通量,W/m^2;H 为显热通量,W/m^2;G 为土壤热通量,W/m^2。

　　由于植被光合作用需能和本身的热储量相对于上述四分量小很多,在本书计算中忽略不计。R_n 通过利用由短波波段计算得到的反照率和由热红外波段计算得到的长波发射率,逐个像元进行计算而得。G 则根据波段组合计算得到的植被指数和已算得的净辐射进行计算。感热通量 H 的计算受较多因素的影响:地表温度 T_s、地面观测的风速、地表粗糙度以及相对温差。上述所有的计算都是在影像的像元基础上进行的。通过利用 Monin-Obukhov 理论并结合大气稳定校正函数可以提高感热通量 H 的迭代过程,H 的上、下限通过影像上的参考点进行确定,即所谓的"锚点"。ET 最后由潜热通量并结合蒸发潜热计算得到。

2.3.2 净辐射(R_n)

陆面上的能量实际上是以辐射的形式得以补偿(或损失)的。辐射主要来源于短波辐射和长波辐射。陆面辐射平衡公式如下:

$$R_n = (K_{in} - K_{out}) + (L_{in} - L_{out}) \tag{2-3}$$

式中,K_{in} 为下行至地表的太阳短波辐射;K_{out} 为上行短波辐射;L_{in} 为下行至地表的长波辐射;L_{out} 为上行长波辐射。

根据地表反照率的定义,式(2-3)可用下式表示:

$$R_n = (1-\alpha)K_{in} + (L_{in} - L_{out}) \tag{2-4}$$

式中,α 为地表反照率;K_{in} 不仅取决于地外辐射的强度,还取决于相应的大气状况,云、湿度、空气洁净度、大气厚度等因素都会对 K_{in} 造成影响,而这些影响因素可以用大气透过率 τ_{sw} 来表达。

晴空单向大气透射率的值一般可以由经验公式估算[69-70]:

$$\tau_{sw} = 0.75 + 2 \times 10^{-5} z \tag{2-5}$$

式中,z 为高程,m。

大气透过率还可由观测太阳辐射与行星太阳辐射的比值决定,但这需要高精度的日辐射强度计。非晴空条件下的透射率计算过程复杂,涉及的参数很多,这里不予采用。在晴空无云状况下,K_{in} 可用下式计算:

$$K_{in} = R_a \tau_{sw} = G_{sc} \cos\theta \, dr \tau_{sw} \tag{2-6}$$

式中,R_a 为地外辐射;G_{sc} 为太阳常数,一般取值 1 367 W/m²;θ 为太阳天顶角;dr 为日地相对距离(无量纲);日地相对距离可按下式进行计算:

$$dr = 1 + 0.033\cos\left(DOY \frac{2\pi}{365}\right) \tag{2-7}$$

式中,DOY 为一年中按时间顺序排列的天数。

在无云状况下,L_{in} 的计算公式[71-73]:

$$L_{in} = 1.08(-\ln\tau_{sw})^{0.265}\sigma T_{0ref}^4 \tag{2-8}$$

式中,T_{0ref} 为参考点的地表温度,通常选取地表温度和空气温度相似、水分状况良好的像元。σ 为斯特藩-波尔兹曼常数，一般取值 $5.670\ 4\times10^{-8}$ W/$(\text{m}^2\cdot\text{K}^4)$。

L_{out} 可以由下式表达：

$$L_{\text{out}}=\varepsilon\sigma T_0^4 \tag{2-9}$$

考虑下行长波辐射反射辐射后的地表净辐射可用下式表达：

$$R_{\text{n}}=(1-a)K_{\text{in}}+\varepsilon L_{\text{in}}-L_{\text{out}} \tag{2-10}$$

式中，ε 为地表比辐射率，可以根据经验公式计算：

$$\varepsilon=1.009+0.047\ln(NDVI) \tag{2-11}$$

2.3.3　土壤热通量(G)

土壤热通量指的是由于热传导作用而存储于植被和土壤中的那部分能量，它表征土壤表层与深层间的热交换状况，由土壤中不同高度之间的温度梯度所决定。土壤热通量是影响陆地表面能量平衡的重要因素之一。

$$G=\lambda_{\text{s}}\frac{\partial T_{\text{s}}}{\partial Z} \tag{2-12}$$

式中，λ_{s} 为土壤的热传导度；$\dfrac{\partial T_{\text{s}}}{\partial Z}$ 为两个高度 Z_0 和 Z_{-1} 之间的温度梯度。由于涉及较复杂的地面过程，$\dfrac{\partial T_{\text{s}}}{\partial Z}$ 无法直接通过遥感手段获取，因此很难直接通过遥感方法计算土壤热通量。

在植被覆盖区域，土壤热通量是一个相对较小的量，可以根据植被覆盖状况对植被下垫面的土壤热通量进行简单估算，SEBAL 模型中对于蒸腾作用的 G 是利用归一化植被指数($NDVI$)和净辐射(R_{n})之间的经验关系式来计算的[74-76]：

$$G=\frac{T_{\text{s}}-273.1}{\alpha}(0.003\ 8\alpha+0.007\ 4\alpha^2)(1-0.98NDVI^4)R_{\text{n}} \tag{2-13}$$

上述方程仅适用于有植被覆盖的地表，对于裸露地，则采用以下公式来计算：

$$G=0.2R_{\text{n}} \tag{2-14}$$

通常，白天的土壤热通量为正，在夜晚为负。净辐射能量中的一部分能量用来加热地表的大气，一部分能量被用于蒸散发，一部分被储存在土壤和水体之中。

2.3.4 感热通量(H)

感热通量(也称显热通量)是通过对流作用直接传输到空气中的能量,主要用来加热地表上方的空气温度。感热通量也是由温度梯度所造成的,与地表类型、植被高度及气象状况等因素密切相关。遥感蒸散发模型用以下公式计算感热通量:

$$H = \rho_{air} c_p \delta T / r_{ah} \tag{2-15}$$

式中,ρ_{air} 为空气密度,kg/m^3;c_p 为空气定压比热,一般取 1 004 $J/(kg \cdot K)$;δT 为近地表温差梯度,$℃$;r_{ah} 为空气动力学抗阻,s/m。

在感热通量的计算式中,H、δT、r_{ah} 均为未知量且彼此相关,为此 SEBAL 模型引入了 Monin-Obukhov 理论,通过较为复杂的循环递归算法进行求解。其计算步骤如下[77-78]。

(1)首先假设在地表上空(200 m)存在一个掺混层,即假设 200 m 处于中性稳定度状况下(即稳定修正因子为 0)。在该高度,风速不受地面粗糙度的影响,从而可求得中性稳定度下的摩擦速度 u_* 与空气动力学阻力 r_{ah}。

$$r_{ah} = \frac{\ln\left(\dfrac{z_2}{z_1}\right)}{u_* k} \tag{2-16}$$

式中,k 为冯卡曼常数,取值 0.41;z_1、z_2 分别为近地表处的两个高度,通常分别假设为 0.01 和 2,m;u_* 为摩擦速度,m/s,它需要研究区卫星过境当日至少一个风速观测数据,且该观测数据最好在研究区范围内,距离卫星过境时刻越接近越好,由此风速观测数据推算研究区各像元 200 m 高度处的摩擦速度,并参与其他相关参数的计算。稳定地表上的风速轮廓线具有以下计算关系:

$$\frac{u}{u_*} = \frac{\ln\left(\dfrac{Z}{Z_{om}}\right)}{k} \tag{2-17}$$

式中,Z_{om} 为站点地表粗糙度,由气象站周围平均植被高度 h 建立的经验公式计算:

$$Z_{om} = 0.123h \tag{2-18}$$

首先将站点 2 m 处风速代入上式计算摩擦速度 u_{*2},再由式(2-19)计算 200 m 处风速:

$$u_{200} = \frac{\ln\left(\dfrac{200}{Z_{om}}\right)}{k} u_{*2} \tag{2-19}$$

并由此计算 200 m 高度处摩擦速度:

$$u_{*(\text{lst})} = \frac{u_{200} k}{\ln\left(\dfrac{200}{Z_{om}}\right)} \tag{2-20}$$

在当地气象站参考高度处(2 m)风速已知的情况下,可以由式(2-17)至式(2-20)算出 200 m 高度处摩擦速度 u_{*2},并可由 200 m 高度处摩擦速度图及各像元地表粗糙度 Z_{om} 代入式(2-16)计算空气动力学抗阻初值。计算各像元地表粗糙度 Z_{om} 需要确定 Z_{om} 和 $NDVI$ 的关系,由经验公式计算:

$$Z_{om} = \exp(a \cdot NDVI + b) \tag{2-21}$$

式中,a,b 为经验公式的经验系数。

(2) 对于感热通量计算公式(2-16)中涉及的 δT 的计算,需要引入研究区域中的两个极端"锚点",即"极冷点"(湿点)和"极热点"(干点)。"极冷点"在水分供应充足、植被覆盖度高、蒸散量处于潜在蒸散水平的区域中获取,可以在大面积水域处选取。"极热点"是指非常干燥的没有植被覆盖的闲置农地或裸露地,但应避免选择大型人工建筑物。通常假设:极湿点像元的感热通量 H 为 0,即该点不存在加热上方空气的能量损失,而所有可利用的能量均转化为 ET,$LE = R_n - G$;极干点像元的蒸发量假设为 0,即所有可利用的能量均用于加热其上部空气,$H = R_n - G$。

对于冷像元,有:

$$\begin{cases} H_{\text{cold}} = R_n - G - LE_{\text{cold}} = 0 \\ \delta T_{\text{cold}} = 0 \end{cases} \tag{2-22}$$

对于热像元,有:

$$\begin{cases} H_{\text{hot}} = R_n - G \\ \delta T_{\text{hot}} = H r_{\text{ah(hot)}} / (\rho_{\text{air}} c_p) \end{cases} \tag{2-23}$$

对于初次循环,$\rho_{\text{air}} c_p$ 用初始值 1 205 代入。

SEBAL 模型假定各像元的 δT 和地面温度之间存在一个线性关系:

$$\delta T = a T_s + b \tag{2-24}$$

式中,a、b 为两个常量。由"极冷点"与"极热点"像元值代入,可求出:

$$\begin{cases} a = \delta T_{\text{hot}} / (T_{\text{hot}} - T_{\text{cold}}) \\ b = -a T_{\text{cold}} \end{cases} \tag{2-25}$$

值得注意的是,在中性条件下,气温会随着高度的升高而降低,下降速率为 6.5 ℃/km。由于地表温度和空气温度之间有极强的相关性,地表温度具有气温的变化梯度。为了能够准确计算温度梯度 δT,使模型更适应山区等研究区域,需要对地表温度进行高程纠正,以消除高程差异引起的"冷点"和"热点"选取误差。利用高程校正地表温度的表达式如下:

$$T_{s\_dem} = T_s + 0.006\,5\Delta z \tag{2-26}$$

在解求 δT 和 a、b 的过程中,均用经过高程校正后的温度代替原始地表温度。

(3) 因为近地层大气并不是稳定的,同时,空气密度与温度及大气压有关,因此需要对空气密度进行修正:

$$\rho_{air} = \frac{1\,000P}{1.01T_s \cdot 287} \tag{2-27}$$

式中,P 为大气压(kPa),由下式计算:

$$P = 101.3\left(\frac{T_a - 0.006\,5z}{T_a}\right)^{5.26} \tag{2-28}$$

T_a 为简略估计的气温:

$$T_a = T_s - \delta T \tag{2-29}$$

将由式(2-25)计算的 a、b 代入式(2-24)可求出各像元的温度梯度 δT,并将校正的空气密度 ρ_{air} 代入式(2-16)即可获得各点感热通量初值。

由于地表加热作用会导致低空大气的不稳定(浮力)效应,需要对空气动力学抗阻进行校正。SEBAL 模型中利用 Monin-Obukhov 理论对空气动力学阻力 r_{ah} 进行校正,r_{ah} 的改变同时影响感热通量及 δT 的值,因此在整个过程中需要重新计算感热通量,直到稳定。

大气中有三种稳定性状态:稳定、中性和不稳定。通常在中性条件下,海拔每上升 1 km,气温会下降 6.5 ℃,在存在感热通量的发生区域,空气会被加热,空气的垂直运动较易发生,空气密度 ρ_{air} 及空气动力学抗阻 r_{ah} 也会随之改变,这种状态即"不稳定"状况。通常在干燥的地面,大气会处于不稳定状态;水分状况较好的农田等区域会处于中性状态;稳定状态一般发生在晚上。在 SEBAL 模型中引入 Monin-Obukhov 长度(L)和稳定度校正因子对三种稳定状态的摩擦速度及空气动力学抗阻进行校正。该过程是一个迭代求解的过程,在循环过程中会对摩擦速度 $u_{*(1st)}$、空气动力学抗阻 r_{ah}、空气密度 ρ_{air}、温度梯度 δT 等进行重新计算,直到空气动力学抗阻 r_{ah} 趋于稳定。

SEBAL 模型中利用的空气稳定度指示因子 L 的计算如下:

$$L = -\frac{\rho_{air} \cdot c_p \cdot u_*^3 \cdot T_s}{kgH} \tag{2-30}$$

式中，g 为重力加速度，取值 9.81 m/s^2；H 为感热通量，W/m^2。

当 $L \leqslant 0$ 时为中性或不稳定状态，该状态的稳定度校正因子计算公式如下：

$$\begin{cases} \Psi_{h(z1)} = 2\ln\left(\frac{1+x_{(z1)}^2}{2}\right) \\ \Psi_{h(z2)} = 2\ln\left(\frac{1+x_{(z2)}^2}{2}\right) \end{cases} \tag{2-31}$$

式中，z 代表高度 $z_1 = 0.01$，$z_2 = 2$；$x_{(z1)}$ 和 $x_{(z2)}$ 由以下公式计算：

$$x_{(z)} = \left(1 - 16\frac{z}{L}\right)^{0.25} \tag{2-32}$$

在中性或不稳定状态下，稳定度校正因子可由下式计算：

$$\Psi_{m(200)} = 2\ln\left(\frac{1+x_{(200)}}{2}\right) + \ln\left(\frac{1+x_{(200)}^2}{2}\right) - 2\arctan(x_{(200)}) + 0.5\pi \tag{2-33}$$

当 $L > 0$ 时为稳定状态，该状态的稳定度校正因子计算公式如下：

$$\begin{cases} \Psi_{h(z1)} = -5\left(\frac{z_1}{L}\right) \\ \Psi_{h(z2)} = -5\left(\frac{z_2}{L}\right) \end{cases} \tag{2-34}$$

因此，200 m 高度稳定状态下的稳定度校正因子计算公式为：

$$\Psi_{m(200)} = -5\left(\frac{z_{200}}{L}\right) \tag{2-35}$$

将稳定度校正因子 $\Psi_{m(200)}$ 代入式（2-36）及式（2-37）中修正摩擦速度和空气动力学抗阻：

$$u_{*(lst)} = \frac{u_{(200)} \cdot k}{\ln\left(\frac{200}{Z_{om}}\right) - \Psi_{m(200)}} \tag{2-36}$$

$$r_{ah} = \frac{\ln\left(\frac{z_2}{z_1}\right) - \Psi_{h(z1)} + \Psi_{h(z2)}}{u_{*(lst)} \cdot k} \tag{2-37}$$

模型采用迭代法进行求解，每次迭代过程中以空气动力学抗阻 r_{ah} 的变化幅度作为稳定判别依据，通过多次（5 次以上）重复计算，即可得到稳定的感热通量。

2.3.5　瞬时蒸散量(ET)

潜热通量是下垫面与大气之间交换的水汽通量,是水分循环和能量平衡的重要组成部分。将上述计算过程求得净辐射 R_n、土壤热通量 G 和稳定的感热通量 H 后代入式(2-2),即可求得瞬时潜热通量值。

影像过境时刻的瞬时蒸散可用下式计算:

$$ET_{inst} = 3\ 600\ \frac{LE}{\lambda}$$ 　　　　(2-38)

式中,ET_{inst} 的单位为 mm/h;λ 为汽化潜热,J/kg,可由式(2-39)计算;3 600 为由秒转到小时的转换系数。

$$\lambda = [2.501 - 0.002\ 36(T_s - 273.15)] \times 10^6$$ 　　　(2-39)

2.3.6　日蒸散(E_d)

由于遥感资料是卫星过境时的瞬时值,根据遥感数据求取的蒸散量 ET_{inst} 也为瞬时值。要根据瞬时值推算出日蒸散值,需要解决时间尺度的转换问题。目前,由瞬时蒸散量推算日蒸散量的方法主要有蒸发比率不变法和积分法。相对于蒸发比率不变法,积分法具有更好的物理基础和精度效果[79-80],故本书采用积分法来计算日蒸散量。

2.3.6.1　积分法

据研究,在天气晴朗的情况下,农田上太阳辐射平衡各分量和农田蒸散量的日变化曲线呈正弦变化形式。谢贤群[81]根据每一时刻的太阳辐射通量密度的日变化为正弦关系的原理对日蒸散量进行了研究,结果表明,日蒸散量与某一时刻的蒸散量之间存在正弦关系,对该正弦关系从$[0, N_E]$进行积分可得日蒸散计算公式如下:

$$E_d = \frac{2N_E ET_{inst}}{\pi \sin\left(\dfrac{\pi t}{N_E}\right)}$$ 　　　　(2-40)

式中,ET_{inst} 为瞬时蒸散量;E_d 为日蒸散量;N_E 为日蒸散发时数,由理论日照时数减去 2 h 获得(日照时数可由气象观测获取),$N_E = N - 2$,N 为理论太阳日照时数,其计算参见式(2-41);t 为从日出算起至卫星获取遥感数据时刻的时间间隔。

$$N = 24w_s/\pi \tag{2-41}$$

式中，w_s 为太阳时角，rad。

$$w_s = \arccos[-\tan(lat) \cdot \tan(\Delta)] \tag{2-42}$$

式中，lat 为纬度，rad；Δ 为太阳赤纬角，计算公式如下：

$$\Delta = 0.409\sin\left(2\pi\frac{DOY}{365} - 1.39\right) \tag{2-43}$$

式中，DOY 为一年中按时间顺序排列的天数。

2.3.6.2　蒸发比率不变法

蒸发比率不变法基于的一种假设：在能量平衡公式中，能量通量组分的相对比例在白天稳定不变。在这种假设下有：

$$\frac{LE_d}{F_d} = \frac{LE}{R_n - G} = \Lambda \tag{2-44}$$

式中，LE_d 为白天的累积蒸散发量；F_d 是能量平衡中某个分量的白天累积量，可以取入射和反射的短波辐射、上行和下行的长波辐射、净长波和净短波辐射、净辐射、土壤热通量、有效能量、显热通量等；Λ 为蒸散发通量比率。由于夜间蒸发量很小或为负值，在实际计算中，夜间的蒸发量往往被忽略，但在计算月、季度等时间段的蒸散量时，夜间蒸散发量则必须计算。

2.4　鄱阳湖流域蒸散发量计算

2.4.1　资料简介

研究中利用 SEBAL 模型计算了 2009 年鄱阳湖流域的蒸散量，所用到的数据主要包括三个部分：2009 年的 MODIS/TERRA 卫星数据产品，2009 年鄱阳湖流域的地面气象观测数据，鄱阳湖流域的数字高程模型。

2.4.1.1　MODIS/TERRA 卫星数据产品

收集 2009 年每日晴空无云的 MODIS/TERRA 卫星的 MODIS level-4 land data products 遥感数据，用到的产品有：每日地表温度产品数据（MOD11A1），地表反射率数据(MOD09GA),土地覆盖/土地覆盖变化数据(MOD12Q1),地表反照率数据(MCD43B3)。数据来源于 NASA 的高达德太空飞行中心(Goddard Space Flight Center)。

由于研究中使用的数据有不同的数据来源,其分辨率和投影信息不尽相同,需要设定统一的分辨率和投影方式,本节采用 UTM 投影将数据投影于 WGS84 坐标系,分辨率为 1 km。

(1)地表温度:MODIS/TERRA 的地表温度/发射率(LST/E)产品以两种方式(swath,grid)提供了包含每个像素地表温度和发射率值的全球数据产品。MOD11A1 是以分片方式组织的栅格数据,投影为正弦曲线投影,时间分辨率为每日,空间分辨率为 1 km。

(2)植被指数、地表反照率、太阳天顶角:MOD09GA 提供了 1~7 波段每日栅格化二级的数据产品(L2G),投影为正弦曲线投影,包括 500 m 的反射率值和 1 km 的观测和地理位置统计值。1 km 科学数据集提供了观测数量、质量状况、传感器角度、太阳角、地理位置标示以及轨道指针。

利用 MOD09GA 数据可进行湿地蒸散发相关参数反演,包括反照率(r)、归一化植被指数($NDVI$)、比辐射率(ε)等信息。

(3)土地覆盖数据:MOD12Q1 产品包含全球 1 km 土地覆盖类型 96 天合成数据,该产品共有 5 种分类方法,本书在进行土地覆盖数据生成时,采用第二种分类方法:马里兰大学区域分类方法(The University of Maryland modification scheme)提取研究区域分类数据。

2.4.1.2 气象站观测数据

研究中使用的气象数据包括鄱阳湖流域周边 2009 年全年的最高气温、最低气温、平均气温、风速、湿度、日照时数及降水总量等地面观测数据。其中,SEBAL 模型用到风速和日照时数数据。

根据气象站获取的日照时数与风速数据,采用空间插值的方法生成日照时数因子与风速因子栅格图像,最后需要进行像元大小重采样和投影转换。本书拟采用 ArcGIS 的统计模块完成日照时数因子与风速因子的插值任务。

2.4.1.3 DEM 数据

本章用 1:50 000 的研究区数字高程模型数据,对数据重采样到 1 km 分辨率,并进行重投影。

2.4.2　瞬时地表净辐射

单位时间、单位面积地表面吸收的太阳总辐射和大气逆辐射与本身发射辐射之差称为地面净辐射(R_n)。地面吸收太阳辐射而获得热量,地面有效辐射又失去热量,地表净辐射由单位时间和单位面积的水平地表面吸收的辐射能与损失的辐射能之差来计算。R_n的部分能量被用来加热土壤或水体,以土壤热通量 G 的形式表示;部分能量被用来加热近地表空气,以感热通量 H 的形式表示;剩下的部分能量主要被用来蒸散发,表现为潜热通量 L_H 的形式[77]。净辐射有日变化和年变化。

白天,地表净辐射随太阳高度角的增加而增大。在晴天,一日中有两个瞬间净辐射等于零:早上,当净辐射由夜间的负值转为白天的正值时,转折的瞬间净辐射等于零,时间一般在日出后 40～60 min,因为清晨地面温度低、有效辐射小,只要有少量的辐射收入,就能与之平衡,因此日出后不久净辐射由负值变为零;傍晚,当净辐射从正值转换为负值时,又一次出现净辐射等于零,时间一般在日落前 60～90 min,午后地面温度高、有效辐射大,所以零值出现的时间比日落时间要早。

净辐射的最大值则略偏于正午前。正午时刻,总辐射收入达到最大值,但地面温度高,地面有效辐射也显著增加,因而此时并不是一日中净辐射最大值。

有云时,上述典型情况被破坏,情况要复杂得多。

就年内分布来看,净辐射以夏季为最高,冬季为最低;年振幅由高纬度向低纬度逐渐增大。此外,纬度愈低,净辐射保持正值的月份愈多;反之,纬度愈高,净辐射保持正值的月份愈少。

2.4.3　瞬时土壤热通量

土壤热通量是指单位时间、单位面积上的土壤热交换量。SEBAL 模型中,G 是指进入地表下垫面与下垫面进行能量交换的热通量。

白天(日出后 40～60 min),净辐射为正值,一部分热量消耗于潜热通量上,另一部分热量消耗于感热通量上,余下的热量进入土壤;夜间(日落前60～90 min),净辐射为负值,土壤热通量方向与白天相反,也就是地面失去热量。土壤热通量值的方向和大小,决定了土壤得失热量的多少,它直接影响到土壤温度的高低和变化。

由公式 $R_n = H + G + L_E$ 可见,如果 L_E 和 H 一定,G 的值由净辐射 R_n 值所决定。净辐射绝对值愈大,地面得热或失热愈多,土温变化可能愈大。如果 R_n 值一定时,土壤变潮湿,L_E 增大,G 值减小,土温变化可能较缓和,感热通量值减小,气温变化也较缓和;土壤变干燥,L_E 减小,G 值增大,土温变化可能较大,感热通量相应增大,气温变化增大。当 G 一定时,土温的高低和变化则决定于土壤热特性,如热容量、导热率和导温率。土壤热容量和导热率大,土温变化则缓和;反之,土温变化较剧烈。

SEBAL 模型通常在陆表计算 ET,一般情况下,G 是指土壤热通量,而大面积水体(如湖泊)作为地表组成部分,水分从水体表面进行蒸发,并不包含在 G 内。由于水体和土壤的能量平衡机制并不相同,SEBAL 模型通常假定一天 24 h 土壤热通量的积累聚集为零,尽管瞬时 G 不为零。白天,净辐射能量的一部分被作为热量储存在土壤之中,使白天的土壤热通量 G 为正值,而在夜晚,这部分热量会被释放出来,使夜晚的 G 为负值。

对一个湖水较深且清洁的湖泊来说,作为湖泊能量来源的太阳能通常会被水域吸收和储存起来使 24 h 的 G 并不能假定为零。实际应用中,我们对具体所研究湖泊的能量转换机制并不是非常清楚[82-83]。

2.4.4 瞬时感热通量

感热通量,即显热通量,由式(2-15)、式(2-16)、式(2-17)算得。在瞬时感热通量的计算式中,感热通量 H、近地表温差 δT、空气动力学抗阻 r_{ah} 均为未知量且彼此相关,为此 SEBAL 模型通过 Monin-Obukhov 理论,进行复杂的循环递归算法求解。

2.4.5 瞬时潜热通量

瞬时潜热通量(L_E)是下垫面与大气之间交换的水汽通量,是能量平衡的重要组成部分。潜热通量主要被用作土壤蒸发和植物蒸腾所消耗的能量,下垫面植被较好、表面温度较低和表面湿度较大的区域,一般显热通量较低,潜热通量较高;在地表湿度较低、地表温度较高的区域,由于近地面大气与地表面的能量交换以显热为主,所以以蒸散发的形式进行能量交换的潜热通量则较低。

根据式(2-38),可由瞬时潜热通量计算出研究区的瞬时蒸散量。对研究区获取的无云 MODIS 遥感数据进行瞬时蒸散量的计算后,分别按城市建设用地、山区、丘陵、水域、环湖湿地几个大类统计瞬时蒸散量,统计结果见表 2-1,鄱阳湖湿地及环湖区 2009 年瞬时蒸散量均值年内变化趋势如图 2-2 所示。从表 2-1 和图 2-2 可见,全年瞬时蒸散量以水域及环湖湿地最大,城市建设区最小。全年瞬时蒸散量最大值发生于 6～9 月,在所选研究日期内,水域蒸散量最大值接近 1 mm,环湖湿地蒸散量最大值为 0.9 mm,夏季最大,春季和秋季次之,冬季最小。

表 2-1　鄱阳湖湿地及环湖区瞬时蒸散量均值　　　　单位:mm

日期	均值	城市建设用地	山区	丘陵区	水域	环湖湿地
2009-01-15	0.21	0.18	0.27	0.19	0.49	0.21
2009-02-11	0.19	0.15	0.13	0.15	0.56	0.28
2009-03-14	0.33	0.26	0.23	0.26	0.77	0.45
2009-04-09	0.34	0.28	0.22	0.29	0.76	0.50
2009-04-21	0.41	0.32	0.34	0.35	0.79	0.60
2009-05-04	0.39	0.28	0.36	0.31	0.87	0.54
2009-06-04	0.43	0.34	0.24	0.36	0.92	0.62
2009-07-03	0.55	0.44	0.49	0.50	0.88	0.65
2009-07-10	0.52	0.39	0.58	0.44	0.93	0.63
2009-08-22	0.74	0.64	0.78	0.68	0.99	0.90
2009-09-07	0.65	0.53	0.69	0.60	0.92	0.75
2009-10-02	0.52	0.44	0.59	0.48	0.75	0.60
2009-10-04	0.51	0.45	0.56	0.47	0.76	0.59
2009-10-16	0.41	0.36	0.45	0.37	0.72	0.51
2009-10-23	0.39	0.34	0.45	0.35	0.70	0.49
2009-11-05	0.24	0.23	0.18	0.21	0.54	0.31
2009-12-19	0.32	0.28	0.41	0.29	0.50	0.33

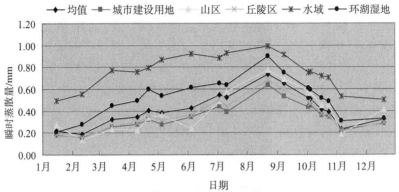

图 2-2 鄱阳湖湿地及环湖区 2009 年瞬时蒸散量均值年内变化趋势

2.4.6 日蒸散

通过鄱阳湖湿地及环湖区每日卫星过境瞬时净辐射、土壤热通量、感热通量等分量的计算,利用能量平衡原理,获得瞬时潜热通量(L_E)和汽化潜热(λ),进而计算瞬时蒸散发量。谢贤群等[84-85]认为,一天中晴空无云的 ET 随时间变化基本呈正弦关系分布,并可通过某瞬时蒸散量(ET)计算得到日蒸散发(E_d)。本书在基于谢贤群正弦公式的基础上,把瞬时蒸散量扩展为日蒸散量,以获取鄱阳湖湿地及环湖区每日蒸散量。由于一天中不可避免地会有云的出现,而气象站观测到的日照时数可以反映出一天中日照的长短,因而本书在利用谢贤群日蒸散的扩展公式进行日蒸散的计算过程中,引入日照时数参数对蒸散量进行矫正,公式如下:

$$E_d = \frac{2 \cdot N_E \cdot ET_{inst}}{\pi \cdot \sin(\pi \cdot t / N_E)} \left(a + b \frac{n}{N} \right) \tag{2-45}$$

式中,系数 a、b 一般分别取 0.25 和 0.5;n 为实际日照时数,h;N 为理论日照时数。

由上述理论可计算获得 2009 年鄱阳湖湿地及环湖区日蒸散量 E_d。

2.4.7 蒸散量年内变化特征分析

对前文所计算出的鄱阳湖湿地及环湖区 2009 年的日蒸散量结果按水域、环湖湿地、丘陵区、山区分别统计蒸散量均值,统计结果见表 2-2,由表 2-2 绘制的日蒸散量均值年内变化趋势如图 2-3 所示。

表 2-2　鄱阳湖湿地及环湖区日蒸散量均值　　　单位：mm

日期	均值	城市建设用地	山区	丘陵区	水域	环湖湿地
2009-01-15	0.92	0.76	1.17	0.80	2.10	0.91
2009-02-11	0.84	0.70	0.61	0.68	2.49	1.26
2009-03-14	1.75	1.40	1.29	1.45	3.97	2.33
2009-04-09	1.80	1.47	1.20	1.55	4.00	2.62
2009-04-21	2.17	1.72	1.83	1.87	4.26	3.23
2009-05-04	2.16	1.55	2.02	1.75	4.84	3.02
2009-06-04	2.43	1.95	1.36	2.04	5.27	3.52
2009-07-03	2.85	2.30	2.63	2.62	4.52	3.30
2009-07-10	2.84	2.13	3.06	2.41	5.04	3.47
2009-8-22	3.84	3.30	4.00	3.56	5.15	4.79
2009-09-07	3.87	3.22	4.07	3.57	5.38	4.45
2009-10-02	2.97	2.50	3.34	2.72	4.29	3.46
2009-10-04	2.92	2.58	3.17	2.69	4.29	3.41
2009-10-16	1.82	1.56	2.03	1.62	3.19	2.29
2009-10-23	2.01	1.75	2.33	1.79	3.61	2.52
2009-11-05	1.17	1.11	0.92	1.03	2.66	1.54
2009-12-19	1.38	1.22	1.79	1.27	2.13	1.41

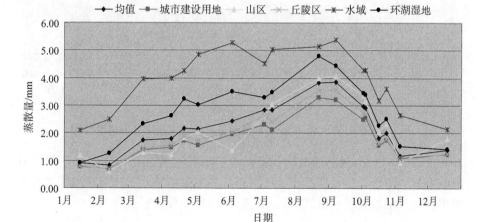

图 2-3　鄱阳湖湿地及环湖区 2009 年日蒸散量均值年内变化趋势

对统计结果进行分析,2009年整个鄱阳湖湿地及环湖区的蒸散量冬季最低,蒸散量从春季到夏季呈增大趋势,到8、9月最大,之后从秋季到冬季呈逐渐减小趋势。全年蒸散量以水域最大,环湖湿地次之,以城市用地最小。

鄱阳湖环湖湿地蒸散量有明显季节变化,呈单峰变化规律。冬季,受温度和环湖湿地植被物候等因素影响,整个环湖湿地以裸露滩地和沙地为主,蒸散量处于全年最低值,仅有 1 mm/d;随着气温增高,2 月环湖湿地的蒸散量在1.3 mm/d,6、7 月间可达 3.5 mm/d,8、9 月可达全年最高值,接近 5.0 mm/d;受气温下降影响,10 月后整个环湖湿地的蒸散量均值下降约为 2.5 mm/d;从 11 月后整个环湖湿地的蒸散量均处于全年最低值。

2.4.8　结果验证

对于定量遥感来说,结果的验证是目前普遍面临的一个难题。传统的观测是在点上进行的,而通过遥感获得的区域蒸散量是计算每个像元上的平均值,即传统的观测值无法有效地对通过遥感获得的计算值进行验证,尤其当下垫面非均匀时。本书仅对鄱阳湖水域部分的日蒸散均值与棠荫水文站监测的鄱阳湖水面蒸发量图进行对比,结果如图 2-4 所示。

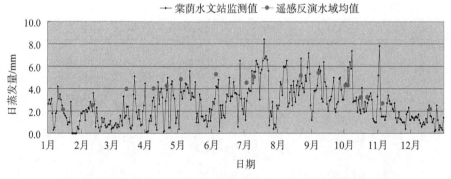

图 2-4　鄱阳湖水域 2009 年日蒸散量均值与棠荫站监测值对比图

由图 2-4 可见,遥感监测的鄱阳湖水域的日均蒸散量与棠荫站蒸发量监测结果基本吻合。这说明基于遥感资料的蒸散发估算对于无资料地区的水文模拟具有一定的利用价值,但精度有限,需根据需要进行选择。

第 3 章 水 文 分 区

水文分区指根据流域或地区的水文特征和自然地理条件所划分的不同水文区域。理论上,在同一水文区域内,各个水体具有相似的水文状况及变化规律。水文分区不仅是布设水文站网的基础,也是认识水文规律、解决水文资料移用问题、为水资源合理开发利用提供依据的重要手段[85]。

3.1 水文分区方法概述

水文分区的方法有很多种,常用的有以下几种。

(1) 地理水文分区法

早在 2 000 多年前,《尚书·禹贡》一书中就将我国划分为 9 个州[86],到 20 世纪 50 年代,水文站网欠发达,造成水文资料匮乏,需依赖个人主观经验来进行最初的水文区域划分,将自然景观相似的区域划为同一区[87]。之后,随着计算机技术的发展,针对水文工作和研究的需要,有了一系列水文分区的相关研究,如 Hall 等[88]采用区域回归分析法并结合临近流域相似的原理对研究区域进行水文区域划分;Wiltshire[89]则认为即使在同一水文分区内,相邻的两流域水文响应特性也可能会完全不同,故地理水文分区法不一定能保证分区的一致性;Nathanrj 等[90]也提到,地理水文分区法有一定的个人主观性及随意性,即使在同等条件下,不同研究者出发的角度不同,分区结果往往也会不同。

(2) 等值线图法

在 20 世纪 50 年代,江西、湖南等省在结合地理景观分析的基础上,利用降雨、径流等值线图,做了简要的水文分区,利用等值线图法也能验证以往水文分区划分的合理性。区域内的站网密度和样本数量对分区结果的稳定性会有较大影响,这是等值线图法的一大弊端。

（3）地貌单位线法

20 世纪 80 年代,地貌单位线法被用于浙江省的小流域水文站网规划及设计洪水计算,并且取得了一定的成果。此法中,分区结果的稳定性仍和区域内站网密度及水文资料条件有很大关系。

（4）流域水文模型参数法

由于水文模型是对流域内水文响应行为的概化,其参数的变化在一定程度上能反映流域水文特性的变化,故可据此来划分不同的水文区域[91-92]。20 世纪 80 年代,八省一校①采用流域水文模型参数法进行水文分区,在分区过程中,通过建立流域物理特征属性(如下垫面特征、土壤和植被)与模型参数间的相关关系来进行单一水文模型参数的水文分区,然后按特定的原则对分区结果进行叠加,得到最终的分区成果。但是,流域水文模型参数法在降雨径流资料较少的地区使用会受到限制[93]。

（5）主成分统计分析法

主成分统计分析法是一种应用比较普遍的统计分析法,该法并不以河流为单元对水文资料进行统计,而是通过内插选取样点的水文特征值构建初始水文因子矩阵,然后经数据标准化处理及线性正交变换,使得初始具有相关关系的特征指标因子转变为相互独立且无重叠信息的新指标因子,即主成分,并基于此提炼出累计贡献率达 80% 以上的前两位主成分,作为众多水文因子的综合效应,从而实现多因子综合水文分区[94-95]。我国曾将该法应用在黄河流域水文站网调整的工作中。该法的缺点是水文机理理论依据欠缺。

（6）聚类水文分区方法

聚类就是将研究数据指标分为几个不同的类。在同类中,对象间具有较高的相似度,异类中对象的差别较大。相似度是依据对象的属性值来计算的,常采用的度量参数是距离。此类方法在国外应用较为广泛[96-98],如 Hosking 等[99]将聚类法应用于水文区域划分的研究中,认为该法分区成果的合理性关键在于所选取的流域水文、气象以及下垫面等特征属性指标能否切实地反映流域水文响应行为,也就是说所选分区指标是否具有代表性。

近些年,随着新理论、新方法的提出以及科学技术的快速发展,模糊数学方法、模式识别理论、人工神经网络等从理论到实际应用取得了很大进展,这

---

① "八省一校"的提法具备强烈的时代特征,特指当年做水文模型应用推广的地区,包括:北京、安徽、福建、河南、山西、湖北、湖南、江苏,主持单位是华东水利学院。

些新理论和新方法逐渐被应用于水文学科,为水文分区的研究和分析提供了强有力的技术支撑。其中,对多特征指标进行识别的相似分类常用方法有主成分分析法、多维标度法、聚类分析法以及人工神经网络等,如 He[23]基于多维标度和局部方差削减法对莱茵河 27 个流域进行水文分区,在分区的基础上通过模型参数移用对无资料地区进行径流模拟;Onema 等[100]通过 GIS 提取研究区域的物理特征属性值,以此作为分区指标,采用主成分分析和聚类分析法,将研究区域众多集水区域划分为两大类,从而为解决无资料地区水文计算问题提供了依据。

目前解决缺资料地区水文计算的常用方法之一是基于水文相似性的水文区域划分法,该法虽发展较为成熟,但仍存在以下问题:

（1）欠缺统一的流域属性特征分区指标准则。

（2）流域属性特征相似即代表水文相似这一理论有待深入探讨,有部分研究得出了相反结论[24,101]。

（3）流域水文区划适用尺度有待深入研究。

（4）充分分析起主导作用的流域特征分区指标对模型参数含义的理解有重要作用,而这类工作却并无进展[102]。

3.2　流域特征指标

Oudin[103]等将流域相似性定义为两种类型:一种是基于流域水文响应行为的流域水文相似性,它来源于对流域水文响应特征（如产流、流量历时曲线等）的分析,一般需利用水文模型来判断水文响应行为是否相似;另一种是基于流域物理特征属性的流域物理特征相似性。Winter[104]认为,如果一个流域物理特征结构相似,则水文响应行为应该也相似。在水文分区中这一假定也为诸多的水文学者所认可。从水文学角度来看,第一种定义是不可避免的,第二种定义则存在于每个分区研究中。对于第二种假定,Oudin 等[12]通过流域物理属性相似与水文相似两种指标进行分区,并对两种分区结果一致性进行了检验,最终确定坡度指数、干旱指数、河网密度、植被指数这四个流域属性指标与水文相似性具有较大的相关性。Maitreya 等[105]认为依据流域物理属性与水文响应之间的关系要比通过水文模型参数与流域特征值之间的关系来分析相关性更为可靠。这是因为传统的模型参数区域化需要选择一个特定的模型结构以及参数率定方法,而模型结构和参数的不确定性是不可避免的,这些因素会对模型参数与流域属性特征间的相关关系造成消极影响。

许多水文学者认为，一个流域的水文响应行为由流域的物理特征结构（如植被覆盖率、植被种类、地形、地质等）和气候特征（如降雨、蒸发）等决定[106]。当流域特征相似时，可认为流域水文响应行为相似，即流域水文相似，此时水文模型参数可相互传递。再者，流域地形地貌特征和气候特征较径流数据更容易获取，为无资料地区数据的外推提供了有力保障。

流域物理特征属性可由遥感数据经过处理获得，在水文分区中常将流域物理特征属性值作为分区指标，采取一定的分区方法对相似流域进行选择。因此分区指标选取是否合理，是决定水文分区结果是否可靠的重要因素之一。基于此，本书选用甘肃省部分有资料站点的水文、气象资料，结合 DEM 数据，通过研究几个水文响应行为指标与物理特征属性指标的相关性，来筛选出较有代表性的流域相似性评判指标。

3.2.1 水文特征指标

水文指标是通过对有资料地区观测到的数据进行提取或处理获得的，是对描述流域产汇流特征具有一定代表性的特征因子。本书仅选择几个资料较为全面的站点（安口、蔡家庙、华亭、康乐、宁县、渭源、夏河、冶力关、徽县、平凉）作为研究站点，且综合考虑各站的资料序列长度，统一选取 2009 年 5 月 1 日至 9 月 30 日及 2014 年 5 月 1 日至 9 月 30 日为研究时段。研究中选取径流系数（Runoff coefficient）、流量历时曲线（Flow Duration Curve，FDC）、模型参数及水文变化指标（Indicators of Hydrologic Alteration，IHA）作为水文响应行为指标，各指标分别叙述如下。

3.2.1.1 径流系数

径流系数 α 是描述降雨和径流间关系的重要参数，指转化成径流量的降雨量在降雨总量中所占的比例，是一个能综合反映流域内自然地理要素对径流影响的指标。根据实际应用的需要，有两种径流系数：一种是由降雨推求径流量时所用到的流量径流系数；另一种是根据降雨量来推求径流深度所用的雨量径流系数。

前者是形成高峰流量的历时内所产生的径流量与相应的降雨量之比，计算公式如下：

$$\alpha = \frac{10 \times Q}{I \times F} \tag{3-1}$$

式中，Q 为某时刻流量，m^3/s；I 为降雨强度，mm/s；F 为区域面积，km^2。

后者是在一定汇水面积内，任意时段内的径流深度 R 与该时段内对应的降水深度 P 的比值，以小数或百分数表示。其计算公式为：

$$\alpha = \frac{R}{P} \tag{3-2}$$

式中，α 是径流系数，取值为 0~1，α 值大的地区是湿润地区，α 值小的地区则为干旱地区；R 是径流深度；P 是降雨深度。

本书采用后一种计算方法，计算结果见表 3-1。

表 3-1　各站点径流系数

站点	径流系数	站点	径流系数
安口	0.224	宁县	0.041
蔡家庙	0.050	平凉	0.174
华亭	0.211	渭源	0.199
徽县	0.316	夏河	0.333
康乐	0.252	冶力关	0.212

3.2.1.2　流量历时曲线

流量历时曲线（FDC 曲线）是按一定时段内出现的流量数值及其相对历时绘制而成的，是反映径流分配特性的曲线，从曲线上可以很方便地求得时段内不小于指定流量值的历时。FDC 曲线能够综合反映出流域内径流从枯水到洪水整个阶段的全部特征[105]。

依据计算出的日均流量数据来绘制 FDC 曲线，并分别计算高流量与低流量所对应的曲线斜率。高流量曲线斜率（S_{fh}）体现集水区域洪水阶段的水文特征，随着 S_{fh} 的数值增大，集水区域地面径流量占总径流的比率增大，也就是说暴雨洪水对径流响应的灵敏度提高；低流量曲线斜率（S_{fl}）体现集水区域枯水阶段的水文特征，随着 S_{fl} 数值减小，集水区域对径流的调蓄作用增大[107]。两种曲线斜率计算公式如下：

$$S_{fh} = \frac{\left(\dfrac{Q}{A}\right)_{0.01} - \left(\dfrac{Q}{A}\right)_{0.05}}{0.05 - 0.01} \tag{3-3}$$

$$S_{fl} = \frac{\left(\dfrac{Q}{A}\right)_{0.70} - \left(\dfrac{Q}{A}\right)_{0.99}}{0.99 - 0.70} \tag{3-4}$$

各站点 S_{fh}、S_{fl} 见表 3-2。

表 3-2 各站点 S_{fh}、S_{fl}

站名	S_{fh}	S_{fl}	站名	S_{fh}	S_{fl}
安口	857.50	3.78	宁县	71.50	0.27
蔡家庙	56.45	0.25	平凉	268.75	7.95
华亭	345.25	1.68	渭源	57.00	0.79
徽县	142.50	0.11	夏河	200.00	13.28
康乐	143.08	3.75	冶力关	310.00	8.34

3.2.1.3 模型参数

流域的径流过程是对降雨的响应。有学者认为,若降雨条件相同,则流域间具有相同或相似的径流过程,即可认为流域水文响应相同或相似[108]。而流域水文模型中的模型参数是对径流过程中水文响应机制的概化[109]。本研究旨在为无资料地区的水文预报提供依据,因此将模型参数也作为水文响应特征指标,即水文相似性的判别指标。研究中选用霍顿产流模型和滞后演算法进行各站点的水文过程模拟,其模拟参数值及结果见表 3-3,表中 NSCE 为确定性系数,其计算公式为:

$$NSCE = \frac{\sum (Q_{i,0} - \overline{Q_0})^2 - \sum (Q_{i,c} - Q_{i,0})^2}{\sum (Q_{i,0} - \overline{Q_0})^2} \tag{3-5}$$

表 3-3 模型参数结果

站名	模型参数					模型评价指标	
	初始下渗率 f_0/(mm·min^{-1})	稳定入渗率 f_c/(mm·min^{-1})	经验参数 K	消退系数 CS	滞时 L	NSCE	峰量误差/%
安口	8.791	0.755	0.604	0.723	9.014	0.886	−8.091
蔡家庙	9.310	0.628	0.637	0.382	4.215	0.795	−3.834
华亭	15.075	0.841	0.654	0.526	4.049	0.923	3.121

表 3-3(续)

站名	模型参数					模型评价指标	
	初始下渗率 f_0/(mm·min^{-1})	稳定入渗率 f_c/(mm·min^{-1})	经验参数 K	消退系数 CS	滞时 L	$NSCE$	峰量误差/%
徽县	14.365	0.618	0.605	0.751	11.747	0.873	0.403
康乐	9.245	0.673	0.687	0.834	7.052	0.856	−1.692
宁县	19.070	0.591	0.591	0.751	27.923	0.835	−8.059
平凉	17.133	0.719	0.712	0.765	14.529	0.736	1.824
渭河	11.027	0.743	0.638	0.383	2.263	0.844	0.512
夏河	10.005	0.657	0.450	0.779	15.128	0.839	−18.009
冶力关	5.791	0.484	0.695	0.807	16.281	0.848	−9.395

3.2.1.4　IHA 水文指标

Richter 等[110]为评价河流健康程度创立了水文改变指标(Indicators of Hydrologic Alteration,IHA),该指标体系可以全面反映河流水文机制的整体情况,主要涵盖了量(Magnitude)、时间(Timing)、频率(Frequency)、延时(Duration)和变化率(Rate of Change)等 5 个方面共 34 个可量化表征性强的水文特征参数。文献[115]中所包含的 IHA 指标说明见表 3-4。

表 3-4　IHA 指标说明

IHA 指标	水文变化指标	说明	符号
月均流量 Z_1	5 月平均流量	日流量数据中 5 月的平均流量	M5
	6 月平均流量	日流量数据中 6 月的平均流量	M6
	7 月平均流量	日流量数据中 7 月的平均流量	M7
	8 月平均流量	日流量数据中 8 月的平均流量	M8
	9 月平均流量	日流量数据中 9 月的平均流量	M9
极值流量 Z_2	1 日平均最大流量	数据序列中年 1 日最大流量均值	MAX1
	3 日平均最大流量	数据序列中年 3 日最大流量均值	MAX3
	7 日平均最大流量	数据序列中年 7 日最大流量均值	MAX7
	30 日平均最大流量	数据序列中年 30 日最大流量均值	MAX30

表 3-4(续)

IHA 指标	水文变化指标	说明	符号
极值流量	90 日平均最大流量	数据序列中年 90 日最大流量均值	MAX90
	1 日平均最小流量	数据序列中年 1 日最小流量均值	MIN1
	3 日平均最小流量	数据序列中年 3 日最小流量均值	MIN3
	7 日平均最小流量	数据序列中年 7 日最小流量均值	MIN7
	30 日平均最小流量	数据序列中年 30 日最小流量均值	MIN30
	90 日平均最小流量	数据序列中年 90 日最小流量均值	MIN90
	基流指数	7 日最小流量/年均流量	BF
极值出现时间	低流量出现时间均值	低于平均流量 25% 的流量平均值	LQT
	高流量出现时间均值	高于平均流量 75% 的流量平均值	HQT
高低流量频率与历时	低流量谷底次数	发生低于平均流量 25% 的洪水次数	LQC
	低流量平均持续时间	发生低于平均流量 25% 的洪水持续时间	LQD
	高流量洪峰数	发生高于平均流量 75% 的洪水次数	HQC
	高流量平均持续时间	发生高于平均流量 75% 的洪水持续时间	HQD
流量变化率与频率	流量平均涨水率	相邻两日流量间的流量平均增加率	RR
	流量平均落水率	相邻两日流量间的流量平均减少率	FR
	涨、落水次数	日流量由增变为减的过程数	FC

　　由于水文情势 IHA 指标较多,如对每一个指标与物理特征值都进行相关性分析,可能会使得非关键物理特征因子也被选入分区指标,且前面所计算的水文指标基本能代表一个流域的水文响应特征,故不能也没有必要对所有IHA 指标进行相关性分析。且研究中的 IHA 指标仅作为验证分区结果合理性的检验标准,而非作为分区指标进行研究,有关的 IHA 指标结果将在下文进行合理性分析时列出。

3.2.2　流域物理特征

　　遥感技术和 GIS 技术的发展,为无资料地区的径流模拟提供了新的方向。利用这些先进技术获得的数字资料,在一定程度上摆脱了传统无资料地区资料匮乏的窘境。根据流域特征属性来选取相似流域,从而实现参数区域化的聚类方法,已逐渐成为解决无资料地区水文计算问题的热点之一[111]。

本书主要从流域气候、几何、水系以及下垫面特征这四个方面来研究流域的物理特征属性。所用到的资料主要有:

(1) 甘肃省二十五万分之一天然水系图。

(2) 黄河流域的栅格 DEM,源自 1999 年由美国地球物理数据中心发布的空间分辨率为 30″(准 1 km)的全球陆地基础高程数据。

(3) 黄河流域植被覆盖分布数据,源自美国马里兰大学研制的全球 1 km 精度植被覆盖图。

(4) 甘肃省土地利用数据,源自世界粮农组织发布的全球 1 km 精度土地利用覆盖数据。

研究中将流域特征指标分为 4 类,分别为气候特征、几何特征、水系特征,以及流域下垫面特征,具体见表 3-5。

表 3-5　物理特征指标符号

指标类别	指标名称	符号	指标类别	指标名称	符号
气候特征	年均降雨量	P	水系特征	河网密度	V
	年均蒸发量	E		河长比	R_L
	干旱指数	r		分岔比	R_B
几何特征	平均高程	H	流域下垫面特征	面积比	R_A
	流域面积	A		土壤	Soil
	平均坡度	S		植被	Veg
	出流路径长度	L			
	流域平均宽度	B			
	形状系数	XT			

3.2.2.1　气候特征

流域的气候特征主要有降雨、蒸发、湿度、风、气压、气温等要素,气候特征对河流形成和发展起主要作用,同时也是决定流域水文响应特征的关键因子[112]。研究中选取与水文特征密切相关的年平均降雨量、年平均蒸发量以及干旱指数作为气候特征指标。

(1) 年平均降雨量

年平均降雨量是某地多年降雨量总和与年数的比值得到的均值,或是某区域内多个站点测得的年降雨量均值。年平均降雨量是一个地区重要的气候衡量指标之一。径流模拟是水文模拟中最基础、最重要的环节，降雨是其主要的输入项，同时也是最大的不确定因素之一，降雨的空间分布特征是影响一系列水文过程（径流总量、峰流量以及峰现时间）的主要因素，且对模型参数的不确定性也有一定的影响[113]。

（2）年平均蒸发量

流域蒸发计算是产汇流计算的重要内容，尤其是在较长时段的产流量估算中，蒸发往往起到决定性的作用。同时，蒸发也是流域内水文循环研究以及水资源管理的重要因素[114]。在干旱极为严重的情况下，蒸散发的监测对区域规划、水资源管理以及可持续发展研究具有重要意义。

（3）干旱指数

干旱指数是体现流域内气候干燥程度的重要指标，计算公式如下：

$$r = \frac{E_0}{P} \tag{3-6}$$

式中，r 为干旱指数；E_0 为年蒸发量，mm，可用 E-601 水面蒸发量替代；P 为年降水量，mm。

当 $r < 1.0$ 时，表示流域内蒸发量小于降水量，气候较为湿润。当 $r > 1.0$ 时，表示流域内蒸发量大于降水量，该地区偏干燥，r 越大，干燥程度越严重。具体见表 3-6。

表 3-6　气候干湿程度与干旱指数关系

气候分带	十分湿润	湿润	半湿润	半干旱	干旱	极端干旱
干旱指数 r	<0.5	0.5～1.0	1～3	3～5	5～10	>10

干旱指数是反映气象因子的主要参数，同时也可反映下垫面的基本情况，它可以反映输入自然界的能量（即蒸发）和物质（即降水）的分配情况、组合以及转化等规律。不同的水文分区中，往往能量与水文状况的组合各不相同，据此可对水文分区进行简单识别[90]，也就是说可依据干旱指数对研究区进行粗略分区。

3.2.2.2　几何特征

流域的几何特征包括流域形状特征、流域面积、流域长度、流域平均高程、平均坡度、平均宽度等。流域几何形状特性不同，形成的出口断面流量过程差异也较大。利用流域的 DEM 数据可获得各流域的几何特征,并据此计算流域物理特征指标,分述如下。

(1) 平均高程

流域高程是影响降雨分布的一个重要因子,可直接由流域 DEM 读取。高程曲线表示流域在任意一点高程处的横截面面积与高程间的关系,而高程曲线的积分值和斜率都能表征流域的地形地貌的变化特性。曲线平均斜率通常通过选取线上 0.2 和 0.8 所对应的曲线斜率值来计算,对曲线进行积分即可得到曲线积分值。若曲线斜率和曲线积分值较大,表明区域内地势起伏明显,反之就平坦。

(2) 流域面积

流域面积又称集水面积,它是由流域分水线和出口断面包围所形成的面积。它的大小会对河流水量以及径流过程造成直接影响,它是河流的重要属性之一。自然条件相似的两个或多个地区,一般是流域面积越大的地区,该地区河流的水量也越丰富。

(3) 平均坡度

坡度是指地表面任意一点的水平面和切平面的夹角,反映地表的倾斜程度,这是表征地形的一个非常重要的因子。在水文模型中,流域坡度是影响径流量计算的重要因子之一,冷佩等[115]研究发现,流域平均坡度与径流深呈显著线性关系。同时,地面坡度也决定了水流汇聚的流速大小,从而影响汇流时间和洪峰的形成。本书采用百分比(高程增量与水平增量之比的百分数)来描述坡度。

(4) 出流路径长度

出流路径长度即最高级别河流的长度。水流的长度直接影响地面径流速度,对地面水流长度的提取和分析在水土保持工作中有重要的意义。

(5) 流域平均宽度

流域平均宽度由流域面积与流域长度的比值进行计量,以 km 计。

(6) 流域形状系数

流域形状系数可表示为[116]:

$$KT = \frac{A}{L^2} \tag{3-7}$$

式中,A 为流域面积;L 为流域的几何中心轴长。

流域形状系数小,则表示流域狭长,出口断面洪峰流量小,汇流过程历时长;反之,出口断面洪峰流量大,汇流过程历时短。流域形状系数是以定量的方式来描述流域形状的,一般扇形流域的形状系数较大,狭长流域的较小。

前者由于流域各点降水汇集到出口断面的时间较短且相互重叠,会形成较为高瘦的洪水过程线;而后者,降水汇集到出口断面的时间相互错开,通常形成较为矮胖的洪水过程线。

3.2.2.3 水系特征

(1) 河网密度

河网密度是水文学与地貌学研究的主要参数,反映了流域水系的分布情况。一般情况下,河网密度越大,流域内河流的密集程度也越大,也就是说河流的支流较多。此种情况下,一旦发生强降雨,就容易导致洪涝灾害的发生。河网密度可采用以下简单公式计算:

$$V = \frac{L}{A}$$

(3-8)

式中,V 表示河流流域内的河网密度;L 为流域内河流(含干流、沟渠及支流)的总长度;A 为流域面积。

(2) 地貌参数

对于某些缺资料的中小流域常采用 Nash 汇流模型进行汇流计算。Nash 模型认为流域对降雨的再分配作用可通过 n 个相互作用的线性水库串联产生的调节作用来模拟,它是一个概念性流域汇流模型[117]。Nash 模型的瞬时单位线表达式如下:

$$u(t) = \frac{1}{C(n-1)!} \left(\frac{t}{C} \right)^{n-1} \mathrm{e}^{\frac{-t}{C}}$$

(3-9)

由上式可见,式中存在两个待定参数:n 和 C,其中 n 为线性水库个数,C 为线性水库蓄泄常量。孙庆艳等[118]研究发现,这两个参数可根据地貌参数和地形资料推求。Rodriguez 等[119]研究地貌单位线特性时发现,单位线的峰现时间和峰值可用包含有最高级别的河流长度(L)、水系的分岔比(R_B)、面积比(R_A)、河长比(R_L)等地貌参数的回归方程表示。以上地貌参数可分别由霍顿河数定律、面积定律和河长定律求得,被称为霍顿地貌参数。鉴于以上原因,将 R_B、R_A、R_L 作为地貌参数指标进行研究,各地貌参数计算原理描述如下。

河数定律:水系中任一级河流数与该级河流的级别呈反几何级数关系,级数首项为1,公比近似于分叉比。设流域水系中 ω 级河流数目为 N_ω 条($\omega = 1, 2, \cdots, \Omega$;$\Omega$ 为河流最高级别的级数),这里的一条河流指的是一条外链或由同级内链串联而成的河流。对于二叉树水系,N_ω 随着级数的增加而减小,最高级别河流的数目总为 1,也就是 $N_\Omega = 1$。分岔比即为水系中 ω 级河流数目 N_ω 与高一级($\omega + 1$ 级)河流的数目 $N_{\omega+1}$ 之比,用 R_B 表示,即

$$R_B = \frac{N_\omega}{N_{\omega+1}} \tag{3-10}$$

式中,$\omega = 1, 2, \cdots, \Omega - 1$。

面积定律:水系中各级河流的平均河长与该河流级别近似于正几何级数关系,级数的首项为第一级河流的平均河长,公比为河长比。面积比为 ω 级河流的平均流域面积 $\overline{A_\omega}$ 与低一级即($\omega - 1$)级河流平均流域面积 $\overline{A_{\omega-1}}$ 之比,用 R_A 表示,即

$$R_A = \frac{\overline{A_\omega}}{\overline{A_{\omega-1}}} \tag{3-11}$$

式中,$\omega = 2, 3, \cdots, \Omega$。

河长定律:水系中各级河流的平均流域面积与该河流级别近似于正几何级数关系,级数的首项为第一级河流的平均流域面积,公比为平均流域面积比。河长比为水系中 ω 级河流的平均长度 $\overline{L_\omega}$ 与低一级即($\omega - 1$)级河流平均长度 $\overline{L_{\omega-1}}$ 之比,用 R_L 表示,即

$$R_L = \frac{\overline{L_\omega}}{\overline{L_{\omega-1}}} \tag{3-12}$$

式中,$\omega = 2, 3, \cdots, \Omega$。

3.2.2.4　流域

（1）土壤特征

土壤的物理特性(如质地组成、孔隙数量和大小、颗粒排列形式)直接影响土壤的入渗能力及持水能力,进而影响土壤水的运动过程——下渗。下渗在影响土壤水以及地表和地下径流的同时,会对地表径流的水量大小造成直接影响。流域内的降雨除直接降落到水面以及被植物截留部分外,剩余的会降落到地面,这部分降雨经土壤再分配后形成流域地表径流、壤中流以及地下径流。降雨的下渗量往往会受到土壤渗透性强弱的直接影响,譬如透水性较好的砂质土,降落到其上的降雨就较易形成地下径流[120],因此研究土壤的物理构造对认识径流的形成机制具有重要的意义。根据联合国粮农组织 2003 年完成的全球土壤分布数据,提取出甘肃省黄河流域土壤类型的空间分布,每个栅格单元(1 km×1 km)都有详细的土壤水热特性数值,如土壤颗粒级配导水

特性等,主要土壤类型水力参数对照见表3-7。

表3-7　主要土壤类型水力学参数对照

土壤类别 (美国农业部)	土壤类型	砂土 /%	黏土 /%	田间 持水量	凋萎 含水量	饱和水力 传导度	滞后曲线 坡度
1	砂土	94.83	2.27	0.08	0.03	38.41	4.10
2	壤质砂土	85.23	6.53	0.15	0.06	10.87	3.99
3	砂质壤土	69.28	12.48	0.21	0.09	5.24	4.84
4	粉质壤土	19.28	17.11	0.32	0.12	3.96	3.79
5	粉质土	4.50	8.30	0.28	0.08	8.59	3.05
6	壤土	41.00	20.69	0.29	0.14	1.97	5.30
7	砂质黏壤土	60.97	26.33	0.27	0.17	2.40	8.66
8	粉质黏壤土	9.04	33.05	0.36	0.21	4.57	7.48
9	黏壤土	30.08	33.46	0.34	0.21	1.77	8.02
10	砂质黏土	50.32	39.30	0.31	0.23	1.19	13.00
11	粉质黏土	8.18	44.58	0.37	0.25	2.95	9.76
12	黏土	24.71	52.46	0.36	0.27	3.18	12.28

注:田间持水量、凋萎含水量单位均为 cm^3/cm^3;饱和水力传导度单位为 cm/h。

(2)植被特征

流域内植被的分布情况亦是影响水文过程的重要因素之一。在降雨过程中,植物根冠的截流会影响水量平衡,从而对降水径流间关系以及流域的产汇流过程造成影响,进而影响洪水的强度和频率。流域内的蒸散发、产流、汇流以及截流都会受到植被状况的影响,同时,植被覆盖能够有效损耗雨滴能量、提高土壤入渗量、降低径流量与泥沙量[121]。王礼先等[122]通过对植被与径流之间的关系进行研究得出以下结论:在干旱地区,随着植被覆盖率的增加,流域枯水径流量会增加,而流域内的总径流量和洪峰流量则会减少。研究中所用到的植被覆盖数据对应的土地覆被类型见表3-8。

表3-8　土地覆盖类型参数对照

UMD类别	1	常绿针叶林
	2	常绿阔叶林
	3	落叶针叶林

表 3-8(续)

	4	落叶阔叶林
	5	混交林
	6	林地(森林 40%~60%,高度>5 m)
	7	木质大草(森林 10%~30%,高度>5 m)
UMD 类别	8	郁闭灌(树冠层<10%)
	9	稀疏灌丛(灌丛冠层 10%~64%,高度<2 m)
	10	草地
	11	耕地(>80%的农田)
	12	裸地
	13	城市及建成区
	0	水体

注:表中的百分比统指该类植被的"覆盖率","高度"指该类覆被的平均高度。

3.2.3　两类指标间的相关性

在水文分区的研究中往往认为,流域特征属性相似的流域,其相应的水文响应行为也具有相似性。随着信息技术的发展,无资料地区的流域物理特征较易获取,可填补无资料地区资料短缺的空白。依据无资料地区的地形特征、地貌信息进行产汇流计算已成为无资料地区径流模拟及预报的主流方向。但在众多的流域物理特征信息中,要采用哪几类或哪几种特征信息却没有明确的说明。而在水文分区中,选取合理的指标是进行合理水文分区的关键因素,因此通过对水文特征指标与流域物理特征指标的相关性分析,从而筛选出代表性较强的流域物理特征指标,就显得极为必要。

变量间的关系通常可分为确定性关系和不确定性关系。前者往往可以用一个特定的函数来表示,后者则通常被称为相关关系。对两个或多个变量指标进行相关关系进行分析称为相关性分析。进行相关性分析是为了衡量变量因子间的相关密切程度。一般可通过相关系数 r 来体现变量间的相关关系的密切程度。r 的取值范围为[-1,1],当相关系数的值越接近 1 或 -1 时,说明相关性越强烈,越接近 0 则说明关系越疏远。

对于变量类型不同,相关系数 r 的计算方法也不同。在相关性分析中,使用较为普遍的几种相关系数有以下几种。

(1)Pearson 相关系数:适用于连续定距变量间的相关性分析,如身高和体重。

（2）Spearman 等级相关系数：适用于定序变量间的线性相关关系计算，如军队的军衔与职称。

（3）Kendall 相关系数：用于定序变量间的线性相关关系分析。此种方法的计算基础是数据矩阵的秩。

水文分析中，Pearson 相关系数应用较为广泛，计算公式如下：

$$r = \frac{\sum (x - \overline{x})(y - \overline{y})}{\sqrt{\sum (x - \overline{x})^2 (y - \overline{y})^2}} \tag{3-13}$$

式中，$r > 0$，表示正的线性相关关系；$r < 0$，表示负的线性相关关系；$r = 1$，表示完全正相关；$r = -1$，表示完全负相关；$r = 0$，表示不相关；$|r| > 0.8$，表示较强的线性关系；$|r| < 0.3$，表示线性关系较弱。

然而在实际应用中，上述两种特征指标之间的相关系数可能会很小，究其原因，可能是水文特征并不是由单个流域特征变量决定的，而是各种流域特征信息的综合响应，而这种响应机制还没有达到一致的定论。为探究这种多因素综合响应机制，可采用逐步回归分析，对水文特征指标与物理指标间的相关性进行分析。

逐步回归分析的操作过程是每一步都会引入解释变量对回归方程的偏回归平方和（即贡献）进行计算，筛选出贡献最小的一个变量。然后在预先设定的 F 检验水平下进行显著性检验，如果计算结果较为显著则保留该变量，即该变量不必从回归方程中剔除，同样方程中的其他几个解释变量也不需要剔除，这是由于其他几个变量的贡献率必定大于最小的一个，故不需要剔除；相反，如若不显著，则剔除该变量，然后按贡献率依次对方程中其余变量进行 F 检验，剔除那些对因变量影响不显著的变量，保留显著的。接下来再对尚未引入回归方程中的变量进行偏回归平方和的计算，并选出其中一个贡献率最大的变量，并在给定 F 水平下进行显著性检验，若结果显著则回归方程中引入该变量，经反复计算，直到显著的解释变量均被选入回归方程，不显著变量均被剔除，最终保证得到的解释变量是最优的。逐步回归还可对指标进行筛选，剔除那些具有多重共线性的变量。

本书针对研究区域（黄河流域位于甘肃省的部分水文站点所控制区域），首先利用 SPSS 软件中的相关性分析对变量之间进行相关性分析，得到各指标间的相关系数表，见表 3-9 和表 3-10，表中给出的是相互两个变量间在显著水平 0.01 和 0.05 的相关系数值，其中标记"＊"表示有较好的相关性，"＊＊"表示相关性良好。

表 3-9　水文指标与物理指标相关性分析

	LOTD	LLTD	r	P	H	A	S	L	B	XT	V	R_B	R_A	R_L	Soil	Veg
S_{fh}	0.076	−0.011	0.126	0.375	0.032	0.428	0.008	0.296	0.008	0.354	0.109	0.291	0.082	0.262	0.280	−0.291
S_{fl}	−0.666*	0.046	−0.166	−0.236	0.829**	0.899**	0.211	0.645*	0.211	0.462	0.408	0.379	0.207	0.245	0.414	−0.196
径流系数	−0.713*	−0.724*	−0.667*	0.041	0.494	0.241	0.667*	−0.100	0.667*	0.202	0.274	0.234	−0.290	0.154	0.759*	−0.433
初始下渗率 f_0 /(mm·min⁻¹)	0.599	−0.014	0.402	0.134	−0.563	−0.170	0.208	0.104	0.208	−0.400	−0.475	−0.477	−0.190	−0.431	−0.104	−0.020
稳定入渗率 f_c /(mm·min⁻¹)	0.166	0.120	0.226	0.038	−0.192	−0.165	−0.057	−0.243	−0.057	−0.168	0.416	−0.444	−0.578	−0.235	−0.197	0.440
经验参数 K	0.211	0.166	0.207	0.620	−0.212	−0.345	0.082	−0.238	0.082	−0.168	0.000	0.124	0.308	0.255	−0.105	−0.038
消退系数 CS	−0.293	−0.307	−0.351	0.363	0.286	0.542	0.449	0.629	0.449	0.060	−0.114	0.752*	0.541	0.613	0.676*	−0.654*
滞时 L	0.160	−0.013	0.037	0.079	0.011	0.452	0.133	0.744*	0.133	−0.098	0.504	0.303	0.570	0.130	0.144	−0.433

表 3-10　物理指标间相关分析

	$LOTD$	$LLTD$	r	P	H	A	S	L	B	XT	V	R_B	R_A	R_L	$Soil$	Veg
$LOTD$	1	0.298	0.756*	0.227	-0.905**	-0.347	-0.293	-0.095	-0.293	-0.059	-0.630	-0.428	-0.108	-0.381	-0.334	0.052
$LLTD$	0.298	1	0.619	-0.252	-0.008	0.188	-0.820**	0.360	-0.820**	0.027	0.352	-0.012	0.274	0.116	-0.709*	0.696*
r	0.756*	0.619	1	-0.067	-0.513	0.097	-0.397	0.110	-0.397	0.316	-0.294	-0.486	-0.183	-0.456	-0.322	0.233
P	0.227	-0.252	-0.067	1	-0.235	-0.210	0.464	-0.005	0.464	-0.052	-0.226	0.320	0.397	0.373	0.230	-0.545
H	-0.905**	-0.008	-0.513	-0.235	1	0.599	0.147	0.395	0.147	0.189	0.655*	0.412	0.286	0.351	0.152	0.006
A	-0.347	0.188	0.097	-0.210	0.599	1	0.032	0.827**	0.032	0.458	0.202	0.355	0.280	0.195	0.332	-0.221
S	-0.293	-0.820**	-0.397	0.464	0.147	0.032	1	-0.116	1.000**	0.098	-0.276	0.000	-0.133	-0.103	0.728**	-0.760*
L	-0.095	0.360	0.110	-0.005	0.395	0.827**	-0.116	1	-0.116	0.081	0.090	0.483	0.625	0.385	0.038	-0.136
B	-0.293	-0.820**	-0.397	0.464	0.147	0.032	1.000**	-0.116	1	0.098	-0.276	0.000	-0.133	-1.103	0.728**	-0.760*
XT	-0.059	0.027	0.316	-0.052	0.189	0.458	0.098	0.081	0.098	1	-0.100	-0.026	-0.170	-0.183	0.393	-0.352
V	-0.630	0.352	-0.294	-0.226	0.655*	0.202	-0.276	0.090	-0.276	-0.100	1	0.252	0.034	0.418	-0.241	0.587
R_B	-0.428	-0.012	-0.486	0.320	0.412	0.355	0.000	0.483	0.000	-0.026	0.252	1	0.764*	0.952**	0.324	-0.301
R_A	-0.108	0.274	-0.183	0.397	0.286	0.280	-0.133	0.625	-0.133	-0.170	0.034	0.764*	1	0.732	-0.121	-0.197
R_L	-0.381	0.116	-0.456	0.373	0.351	0.195	-0.103	0.385	-1.103	-0.183	0.418	0.952**	0.732	1	0.144	-0.087
$Soil$	-0.334	-0.709*	-0.322	0.230	0.152	0.332	0.728**	0.038	0.728**	0.393	-0.241	0.324	-0.121	0.144	1	-0.793**
Veg	0.052	0.696*	0.233	-0.545	0.006	-0.221	-0.760*	-0.136	-0.760*	-0.352	0.587	-0.301	-0.197	-0.087	-0.793**	1

由表 3-9 发现,模型的产流参数与单个流域特征指标间的相关性较小,考虑影响产流参数的并非单个流域特征指标,故采用 SPSS 中的逐步回归法对水文指标及物理特征指标进行回归性分析。分析结果见表 3-11,表中数值代表的意义见表 3-12。

表 3-11　逐步回归结果表

因变量	模型		调整 R^2	方差		共线性统计		共线性诊断		
				F	Sig	容差	VIF	维数	特征值	条件索引
S_{fl}	1	(常量)	0.783	33.551	0.000a			1	1.745	1
		面积				1	1	2	0.255	2.618
	2	(常量)	0.936	66.636	0.000b			1	2.428	1
		面积				0.88	1.137	2	0.486	2.235
		中心经度				0.88	1.137	3	0.086	5.305
a.预测变量:(常量),流域面积;b.预测变量:(常量),流域面积,中心经度										
径流系数	1	(常量)	0.522	10.84	0.011a			1	1.771	1
		土壤				1	1	2	0.229	2.778
	2	(常量)	0.76	15.253	0.003b			1	2.464	1
		土壤				0.88	1.137	2	0.452	2.335
		中心经度				0.88	1.137	3	0.084	5.403
a.预测变量:(常量),土壤;b.预测变量:(常量),土壤,中心经度										
消退系数 CS	1	(常量)	0.511	10.420	0.012a			1	1.752	1.000
		分岔比				1.000	1.000	2	0.248	2.660
	2	(常量)	0.710	12.023	0.005b			1	2.493	1.000
		分岔比				0.895	1.117	2	0.286	2.952
		土壤				0.895	1.117	3	0.221	3.355

表 3-11(续)

因变量	模型		调整 R^2	方差		共线性统计		共线性诊断		
				F	Sig	容差	VIF	维数	特征值	条件索引
消退系数 CS	3	(常量)	0.870	21.049	0.001[c]			1	3.272	1.000
		分岔比				0.674	1.484	2	0.357	3.030
		土壤				0.877	1.141	3	0.251	3.613
		L				0.752	1.331	4	0.120	5.216
	4	(常量)	0.983	134.105	0.000[d]			1	4.062	1.000
		分岔比				0.592	1.689	2	0.399	3.190
		土壤				0.555	1.803	3	0.284	3.785
		L				0.181	5.512	4	0.226	4.242
		面积				0.198	5.045	5	0.030	11.661

a.预测变量:(常量),分岔比;b.预测变量:(常量),分岔比,土壤;c.预测变量:(常量),分岔比,土壤,出流路径长度;d.预测变量:(常量),分岔比,土壤、出流路径长度,流域面积

因变量	模型		调整 R^2	F	Sig	容差	VIF	维数	特征值	条件索引
滞时 L	1	(常量)	0.497	9.901	0.014[a]			1	1.839	1.000
		L				1.000	1.000	2	0.161	3.376
	2	(常量)	0.848	26.072	0.001[b]			1	2.667	1.000
		L				0.992	1.008	2	0.237	3.357
		河网密度				0.992	1.008	3	0.096	5.275

a.预测变量:(常量),土壤;b.预测变量:(常量),土壤,中心经度

注:

1."(常量)"意为下方变量在回归式中为不变量。

2.因在计算机自动计算时,容差是单精度类型,将输出结果表列入文中时对小数点后第四位进行了四舍五入,这里为保证数据的真实性,并未严格按照表中列出的"容差"进行倒数计算来重新计算 VIF 值。

表 3-12　逐步回归结果表参数含义

参数	含义	数值意义
调整 R^2	判定性系数	R^2 取值为 0~1,越接近于 1,说明回归方程对样本数据点的拟合度越高
Sig	频率	如果 p 值小于给定的显著性水平 α,则应拒绝零假设,认为线性关系显著
容差	容忍度	容差值越接近于 1,表示多重共线性越弱
VIF	方差膨胀因子	VIF 是容差的倒数,越接近于 1,表示解释变量间的多重共线性越弱;如 $VIF \geqslant 10$,说明解释变量 x_i 与其余解释变量之间有严重的多重共线性
特征值	相关系数矩阵特征根	如果最大特征根远远大于其他特征根的值,则说明这些解释变量之间具有相当多的重叠信息
条件索引	条件指数 k_i	$10 \leqslant k_i \leqslant 100$ 时,认为多重共线性越强;$k_i \geqslant 100$ 时,认为多重共线性很严重

由表 3-11 可见,对于 S_{fl}、径流系数、消退系数、滞时等指标,引入多个变量的回归方程拟合度比单一指标或较少变量要高,这充分说明水文响应特征是多种物理特征因子的综合作用。综合考虑各变量之间的共线性问题,最终确定本次回归选取的物理特征指标为流域面积、中心经度、土壤、分岔比、出流路径长度以及河网密度。

为使水文分区更加合理和科学,选择的指标除具代表性外,还应具有一定的独立性,也就是说,变量指标间不得有较强的线性相关性,否则将会造成同类变量指标重"贡献",增加实际距离或相似性,从而影响统计结果。故依据表 3-10 对逐步回归分析法筛选出的指标进行二次筛选,找出共性变量,并进行剔除。最终筛选出既具代表性又有独立性的流域物理特征分区指标(包括中心经度、干旱指数、平均高程、流域面积、出流路径长度、分岔比、土壤),用于水文分区研究。

3.3　基于模糊聚类的水文分区

模糊聚类分析法和人工神经网络作为新的研究方法,已被广泛应用于水文研究的多个领域,在水文分区、河流分类以及水文预报等领域均可找到该法应用的实例。模糊聚类分析法是众多聚类分析方法中应用较为广泛的方法,该法与传统经验方法的不同之处在于,该法借助于高等数理统计分析进行的聚类划分,与传统方法相比较,信息量更多、更充分。目前被广泛使用的有基于传递闭包法的模糊等价矩阵、基于模糊相似关系的聚类分析法以及模糊均值聚类算法等。

人工神经网络法即自组织特征映射(Self Organizing Feature Mapping, SOFM),是由芬兰学者 Kohonen(科霍)基于模拟人类大脑皮质神经提出的一种神经网络模型。目前,人工神经网络模型种类已有 60 多种,采用人工神经网络模型来处理复杂的水文问题的研究人员数量也在不断增加。水文分区是典型的模式识别问题,而人工神经网络中的自组织特征映射神经网络能较好地解决这类问题,因此,如何将这些新的理论和方法合理地应用到水文分区研究中去已逐渐成为水文学者关注的热点。

在模式识别和分类中,模糊聚类法以及人工神经网络已被广泛地应用,如 Hall 等[88]应用模糊 C 均值聚类法(Fuzzy C-means)和人工神经网络方法(SOFM)对威尔士西南地区和英国进行了水文分区,张静怡[94]也采用这两种方法对我国福建省和江西省进行了水文分区。

3.3.1　分区方法原理

聚类分析的基本思路是通过相似性来衡量事物间的亲疏程度,并基于此来进行分类[123-124]。传统的聚类分析方法是一种硬划分分类,把研究对象严格地归为某一类,此种方法的典型代表是 C 均值算法。在硬划分分类方法中,一个事物的隶属度不是 1 就是 0,但在现实中存在较多模棱两可的现象,大部分事物间并没有表现出非此即彼的属性,这时,这种硬划分不再能满足对象和分类的实际需求,基于此,人们提出了软划分。软划分是由美国学者 Zadeh[125]于 1965 年基于模糊集提出的一种模糊分类理论,也是一种较为实用的分析工具,常被用于解决各种聚类问题。基于软划分的模糊聚类是基于样本间属性的不确定性建立的,能够较为客观地反映实际存在的现象。模糊聚类分析就是基于模糊集理论来处理各种聚类问题的方法。模糊聚类描述了样本间隶属某一类别的不确定性,较为客观地表征了现实世界对象与类间的关系,从而成为聚类分析的主流方法。

在水文学领域,通常可用一些特征数据指标对某个概念或事物进行描述,而描述事物的数据往往具有连续性,这也就意味着分类本身就具有模糊性。模糊聚类作为一种新的分类方法已被应用到流域的区域划分、河流分类以及水文预报等水文研究领域。目前,模糊聚类已在水文分区方面得到了广泛的应用,但模糊聚类分析算法种类繁多,采用不同的算法往往取得的结果也会不同,因此在众多算法中,需依据实际需求来选择合适的算法。目前较为常用的算法有基于传递闭包法的模糊聚类法、基于模糊相似关系的聚类法以及基于目标函数的模糊均值聚类算法等。其中,基于传递闭包的模糊聚类法较易实现,此次研究采用该种方法进行水文分区。

3.3.2　分区方法计算步骤

本节采用模糊传递闭包法,其计算步骤为:① 构建初始数据矩阵;② 进行数据标准化;③ 构造模糊等价相似矩阵;④ 模糊聚类分析。详情如下。

3.3.2.1　构建初始数据矩阵

假定有 n 个待分类的对象,记为集合 $X=\{X_1,X_2,\cdots,X_n\}$,集合中的每个对象元素有 m 个能反映对象特性的指标,设第 i 个对象 x_i 的第 $j(j=1,2,\cdots,m)$ 个特征值为 x_{ij},则对象元素 x_i 就可以用 m 个特征指标向量来描述,记为 $\boldsymbol{x}_i=(x_{i1},x_{i2},\cdots,x_{im})(i=1,2,\cdots,n)$。

本书基于研究区域内 82 个水文站点 7 个物理特征指标(中心经度、蒸发指数、平均高程、流域面积、出流路径长度、分岔比、土壤)构造一个 82×7 的原始数据矩阵:

$$\begin{pmatrix} x_{11} & x_{12} & \cdots & x_{1m} \\ x_{21} & x_{22} & \cdots & x_{2m} \\ \vdots & \vdots & \ddots & \vdots \\ x_{n1} & x_{n2} & \cdots & x_{nm} \end{pmatrix}$$

矩阵中的元素 $x_{ij}(i=1,2,\cdots,82;j=1,2,\cdots,7)$ 表示第 i 个水文站、第 j

个分区的指标值。

所选取指标值种类的不同,其对应数据的量纲可能会不同,如直接采用原始数据计算,那些数值较大的指标会在无形之中增加贡献值率,从而减小了数值较小指标的作用。因此,首先应对数据进行标准化处理,使不同类的数据指标在相同的数量级上进行比较。

3.3.2.2 数据标准化

由于描述事物特征的量纲和数量级不一定相同,为便于分析和比较,消除量纲不一致性的干扰,因此先对数据矩阵进行标准化处理,使每一个指标值统一于某种数值特性范围。常见数据标准化的方法有以下几种。

(1)标准差标准化

原始数据经转化后使样本数据整体均值为 0,方差为 1,也就是最终使数据符合标准的正态分布,其转化函数为:

$$x^* = \frac{x - \mu}{\sigma} \tag{3-14}$$

式中,μ 为全部样本数据均值;σ 为全部样本数据标准差。

(2)极差标准化

为使数据结果的取值范围在 $[0,1]$ 区间上,需对原始数据进行线性变换,转换函数如下:

$$x^* = \frac{x - min}{max - min} \tag{3-15}$$

式中,max 是数据中的最大值,min 是数据中的最小值。当有新的样本数据录入时,max 和 min 的值可能会发生变化,这也是此种方法的一个弊端。

(3)lg 函数转换

lg 函数转换是通过以 10 为底的对数函数转换的方式实现数据的标准化,具体公式如下:

$$x^* = \lg(x) / \lg(max) \tag{3-16}$$

(4)arctan 函数转换

采用反正切函数同样也可以对原始数据进行归一化处理,实现数据的标准化,计算公式如下:

$$x^* = \arctan(x) \times 2 / \pi \tag{3-17}$$

使用此种方法进行标准化的数据数值大于或等于 0 的会落在 $[0,1]$ 区间上,小于 0 的数据则会被映射到 $[-1,0]$ 区间上。

由于基于等价关系的模糊聚类法要求进行分析数据的值在[0,1]区间上，因此为确保数据标准化结果落在[0,1]区间上，本书采用极差标准化的方法。

3.3.2.3　构造模糊相似矩阵

聚类是按照特定的标准来识别对象元素间的亲疏程度，并把较为相近的对象归为一类。通过相关系数 r_{ij}（取值范围[0,1]）来反映对象 X 中的元素 x_i 与 x_j 的相似程度。

假设数据 $x_{ij}(i=1,2,\cdots,n;j=1,2,\cdots,m)$ 已经标准化处理，用 $r_{ij} \in$ [0,1]来体现对象间 $x_i(x_{i1},x_{i2},\cdots,x_{im})$ 与 $x_j(x_{j1},x_{j2},\cdots,x_{jm})$ 的相似程度，由 r_{ij} 组成对象间的模糊聚类相似矩阵 $\boldsymbol{R} = (r_{ij})_{n\times n}$。对象间相似系数的计算方法有很多种，如数量积法、余弦法、相关系数法、贴近度法以及距离法等。由于以上计算方法各有利弊，在应用时需根据实际情况进行选择，采用什么样的方法进行计算往往关系到分类的正确与否。本书采用组间分类时应用较为广泛且简便的欧式距离来计算站点间相似程度，进而确定模糊聚类相似系数 H_{ij} 矩阵。欧式距离计算公式如下：

$$d(x_i,x_j) = \left(\sum_{k=1}^{m}(x_{ik}-x_{jk})^2\right)^{\frac{1}{2}} \tag{3-18}$$

通过对象 x_i 与 x_j 间的距离可确定相关系数 r_{ij}。通常采用 $r_{ij}=1-c(d(x_i,x_j))^a$ 进行计算，为使 $r_{ij} \in [0,1]$，式中 c 和 a 应选取较为合适的两个正数。

由上式求得的相关系数组成模糊聚类分析的模糊相似矩阵。这个模糊相似矩阵是一个自反的、对称的矩阵，即 $r_{ij}=r_{ji}$。

3.3.2.4　基于等价关系的模糊聚类

前文获得的对象间的模糊矩阵 $\boldsymbol{R} = (r_{ij})_{n\times n}$，通常不具有传递性，仅仅是一个模糊相似矩阵[125]。模糊等价关系是相似关系的一种特例，如进行模糊聚类分析，则需构建一个模糊等价矩阵，然后基于这个模糊等价相似矩阵进行聚类分析。

采用传递闭包法传递进行等价矩阵的计算，所求出的相似矩阵 $\boldsymbol{R}$ 就是最小模糊传递矩阵 $t(R)$，也就是所要求的模糊等价矩阵。依据定理，用二次方法进行模糊等价矩阵的求解：

$$\boldsymbol{R}^{2n} = \boldsymbol{R}^n \cdot \boldsymbol{R}^n = \max(\min(r_{kj},r_{ji})) \tag{3-19}$$

利用上式计算，直到第一次出现 $\boldsymbol{R}^{2n}=\boldsymbol{R}^n$，计算结束。此时，$\boldsymbol{R}^n$ 即为所求

传递闭包矩阵,$t(R)$即为所求的模糊等价相似矩阵,基于此矩阵即可进行模糊聚类分析。以$t(R)$为基础进行的聚类方法即为基于模糊等价关系的模糊聚类法。

具体计算步骤如下:① 首先基于求出的模糊相似矩阵 $\boldsymbol{R}$,利用二次方法进行传递闭包 $t(R)$ 的求解;② 选取适当的置信水平值 $\lambda \in [0,1]$,从而求出 $t(R)$ 的 λ 截矩阵 $t(R)_\lambda$(其中,$\lambda \in [0,1]$ 代表置信水平),它是一个等价的布尔矩阵;③ 然后依据求出的截矩阵 $t(R)_\lambda$ 进行分类,最终获得的分类即为在 λ 水平下的等价分类。即:设 $t(R) = (r'_{ij})_{n \times n}$,$t(R)_\lambda = (r'_{ij}(\lambda))_{n \times n}$,则 $r'_{ij}(\lambda) = \begin{cases} 1 & r'_{ij} \geqslant \lambda \\ 0 & r'_{ij} < \lambda \end{cases}$;对于 $x_i, x_j \in X$,若 $r'_{ij}(\lambda) = 1$,则认为对象 x_i 与 x_j 在 λ 水平上归为一类。

3.3.2.5　绘制动态聚类图

为更直观地描述分类对象间的相似程度,一般将 $t(R)$ 中相异的元素按从大到小的顺序排列($1 = \lambda_1 > \lambda_2 > \cdots$),从而获得以 $t(R)$ 为基础的分类,将这些分类绘制在一张图上,即为所求的动态聚类图。

3.3.3　分区方法应用

模糊聚类方法虽被广泛应用于各个领域,但模糊系统自身的烦琐性,使得这种模糊技术的应用受到一定的限制[126]。特别是在人工计算领域,由于分区所需的指标众多,这样会使样本容量增大,计算烦琐,较易出错,往往不利于准确分区。1982 年,Math Works 公司研究出一款高性能和可视化的数值计算软件——MATLAB。这款软件具有矩阵运算、数值分析、信号处理以及图形显示等功能,创建了一个方便快捷且界面友好的用户环境。研究中可借助MATLAB 软件的模糊系统工具箱中的函数来设计模糊系统,为模糊聚类分析提供了极大的方便。下面以研究区域的渭河水系为例进行分区方法的说明。

将前文所确定的流域物理特征属性指标作为水文分区指标,利用 SPSS对各站点分区指标进行标准化处理,运用 MATLAB 建立模糊相似矩阵,从而获得聚类动态图,其计算过程如下(表 3-13 为原始数据)。

表 3-13　渭河水系站点原始数据表

站名	中心经度	蒸发指数	平均高程	流域面积	出流路径长度	分岔比	土壤*
白沙	106.33	768.00	1 806.49	244.83	15.60	5.00	9.37
崔家店	105.23	897.80	1 968.25	996.55	40.20	3.55	3.00
何家坡	105.03	798.00	2 208.60	162.07	11.22	3.00	3.00
侯堡	104.95	699.00	2 266.23	390.34	20.16	3.00	10.00
徽县	106.04	700.00	1 159.06	108.97	10.79	3.00	9.73
藉口	105.38	806.00	1 837.84	201.38	14.88	5.00	10.00
静宁	105.76	900.00	1 991.22	3 015.17	53.86	4.19	4.63
礼县	105.29	756.00	1 883.08	3 066.90	44.27	3.58	9.95
李家店	105.04	800.34	1 976.11	276.55	18.74	2.50	3.00
李家河	104.26	768.50	2 370.06	118.62	12.08	3.00	3.00
李家台	105.04	812.00	1 976.11	276.55	18.74	2.50	3.00
立桥里	104.33	799.90	2 618.87	492.41	21.03	4.00	7.55
良邑	106.18	867.18	2 164.64	242.07	15.90	2.75	7.78
马鹿	106.43	792.00	2 149.54	66.90	6.54	2.00	6.00
毛家店	104.96	901.59	1 975.04	139.31	10.26	3.00	3.06
仁大	105.42	900.00	1 889.00	1 120.00	47.25	5.57	3.38
上河	105.20	888.00	2 027.71	715.86	26.72	4.00	3.00
王店	106.22	901.16	1 911.54	328.97	18.69	3.25	6.01
渭源	104.12	700.00	2 438.91	161.38	13.68	2.25	3.00
温泉	105.09	766.12	2 229.00	101.38	13.03	3.00	10.00
新城	106.21	850.00	1 717.00	0.69	0.50	4.00	3.00
阳坡	104.43	799.60	2 192.24	121.38	8.52	4.00	3.00
杨家川	104.28	773.00	2 350.48	528.28	16.98	3.75	3.00
周家庄	104.55	805.78	2 050.46	64.14	13.18	2.00	3.58
邹河	106.01	899.90	2 031.94	194.48	18.90	2.00	5.66

注：* 为土壤类型索引的加权值。利用该值代入预设的分段公式可以求出饱和水力传导度、孔隙度等数据。

由以上数据可初步组成原始数据矩阵 **X**。相似矩阵推求在 SPSS 中进行,选择 SPSS 中【分析】-【相关】-【距离】,通过余弦度量标准来计算各指标间的相似系数,从而得到相关系数的相似矩阵 **R**,再通过运行 MATLAB 编写的模糊聚类程序来实现模糊等价矩阵计算以及动态聚类,最终聚类结果如图 3-1 所示。同理可求得其他站点聚类结果,如图 3-2 至图 3-4 所示。

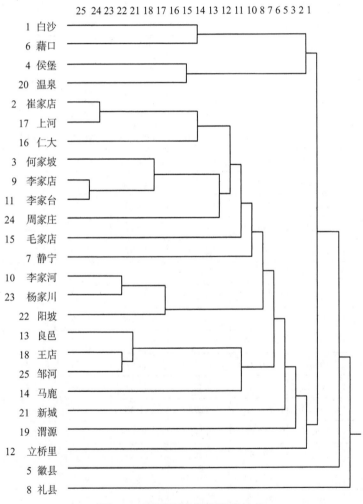

图 3-1 渭河流域模糊聚类结果

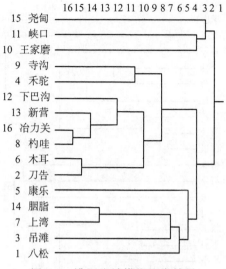

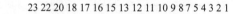

图 3-2　洮河流域模糊聚类结果

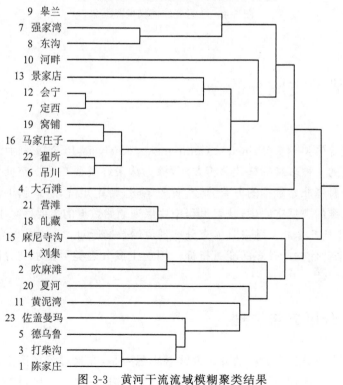

图 3-3　黄河干流流域模糊聚类结果

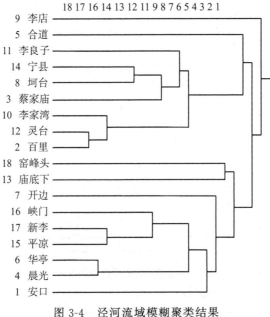

图 3-4　泾河流域模糊聚类结果

3.4　基于主成分的分区

主成分聚类分析(Principal Components Analysis,PCA)是统计学中用来分析数据的一种多指标统计分析方法,该方法最终是要在数据空间中找出一组能充分解释原始数据的方差向量:首先,通过特定矩阵,将最初的多维数据映射到低维的数据空间中,映射过程中要保证原始数据的主要信息不丢失;然后,用较少的几个相互独立且能充分体现原始数据所包含信息的综合指标(即主成分)来替代初始较多的变量指标。因而主成分聚类可使水文分区更具先进性和科学性。

3.4.1　分区方法原理

基于主成分聚类分析的分区方法基本思路是:在地理分区图上,合理、均匀地选取一些地理坐标点作为分区样点;然后选取一些与分区目的有密切成因联系的指标因子构成初始数据矩阵,经数据标准化处理及线性正交变换后,使得初始具有相关关系的指标因子转变成相互独立且不含重叠信息的指标因子,也就是主成分;将提取的主成分作为分区指标,利用聚类分析进行主成分聚类图的计算与绘制,将聚合在一起的样点归为一类,进而完成水文分区。为使分区更具科学性、合理性,还需结合实际情况对分区进行调整与修正,使理论与实际具有一致性。

3.4.2　分区方法计算步骤

(1) 建立原始数据矩阵并进行标准化处理

首先将黄河流域 82 个水文站点获得的流域特征值作为分区指标组成初始数据矩阵 X,对初始数据矩阵进行规范化处理得到矩阵 Y,进行数据标准化的方法与模糊聚类分析中数据标准化处理方式相同。

(2) 建立相关系数矩阵 R

$$R = \begin{bmatrix} r_{11} & r_{12} & \cdots & r_{1p} \\ r_{21} & r_{22} & \cdots & r_{2p} \\ \vdots & \vdots & \ddots & \vdots \\ r_{p1} & r_{p2} & \cdots & r_{pp} \end{bmatrix} \tag{3-20}$$

式中,$r_{ij}(i,j=1,2,\cdots,p)$ 为初始指标变量 x_i 与 x_j 的相关系数,计算公式为:

$$r_{ij} = \frac{\sum\limits_{k-1}^{n}(x_{ki}-\overline{x_i})(x_{kj}-\overline{x_j})}{\sqrt{\sum\limits_{k-1}^{n}(x_{ki}-\overline{x_i})^2\sum\limits_{k-1}^{n}(x_{kj}-\overline{x_j})^2}} \tag{3-21}$$

矩阵 R 为实对称矩阵,即 $r_{ij}=r_{ji}$,因此只需对数据矩阵上三角或下三角的元素进行计算即可。

(3) 计算数据矩阵 R 特征向量及特征值计算

首先对特征方程 $|\lambda_i - R| = 0$ 进行求解,得到特征值 $\lambda_i(i=1,2,\cdots,p)$,并按从大到小的顺序进行排列($\lambda_1 \geqslant \lambda_2 \geqslant \cdots \geqslant \lambda_p \geqslant 0$);接着解出各自特征值所对应的特征向量 $e_i(i=1,2,\cdots,p)$。

(4) 基于 λ_i 计算贡献率并建立主成分,筛选前 k 个主成分

经数据标准化和正交线性变换,将初始具有相关关系的指标变量转换为互相独立且不含重叠信息的综合指标,即主成分。各个主成分的方差不同,其所包含的信息量也不同,因此需对计算获得的主成分进行筛选,最终选取较少

的主成分来完成最终的评分分析。一般是由各主成分的方差贡献率 α 来解释主成分所携带的信息量大小,贡献率越大,表明该主成分所能体现初始指标的信息量也就越强,再依据各主成分累计贡献率来筛选出前 k 个主成分。一般当综合因子累计贡献率达到 80% 以上时,即可认为选取的主成分能囊括原始因子的绝大多数信息。

(5)计算筛选出主成分得分(即综合指标)

将 n 个站点经标准化后的指标,分别代入主成分表达式,就可得到 k 个主成分各个指标新的综合指标数据,即主成分得分 F_i。具体表达如下:

主成分 z_i 贡献率:$r_i / \sum_{k-1}^{p} \gamma_k$,$i = 1, 2, \cdots, p$;

累计贡献率:$\dfrac{\sum_{k-1}^{m} \gamma_k}{\sum_{k-1}^{p} \gamma_k}$。

通常选择累计贡献率达 80% 以上的特征值 $\lambda_1, \lambda_2, \cdots, \lambda_m$ 对应的综合变量作为主成分:

$$p(z_k, x_i) = \sqrt{\gamma_k}\, e_{ki} \quad (i, k = 1, 2, \cdots, p) \tag{3-22}$$

由此可以进一步计算主成分得分:

$$\mathbf{Z} = \begin{bmatrix} z_{11} & z_{12} & \cdots & z_{1m} \\ z_{21} & z_{22} & \cdots & z_{2m} \\ \vdots & \vdots & \ddots & \vdots \\ z_{n1} & z_{n2} & \cdots & z_{nm} \end{bmatrix} \tag{3-23}$$

(6)主成分聚类分析

利用 SPSS 中的系统聚类分析方法,对提取出的主成分进行聚类。系统聚类法的基本原理:将特定数量的样本或变量各自看成一类,依据样本的亲疏程度,相似度最高的两类合并为一类,然后考察合并后的类与其他类之间的亲疏关系,再进行合并。重复这一过程,直至全体样本或变量归为一类。

系统聚类分析方法分为 Q 型聚类和 R 型聚类两种。Q 型聚类是对样本进行聚类,将具有较高相似度的样本聚在一起,差异性较大的样本不属于同一类;R 型聚类则是对变量进行聚类,使较为相似的变量聚为一类,通过该法可实现变量个数的减少以及维数降低处理。在本研究中,由于是对站点的分类,故采用 Q 型聚类。

3.4.3 分区方法应用

依据获得的分区指标,通过主成分聚类分析方法来获得研究区域的初步分布情况。由于本次进行水文分区选取的站点数量较多,如仅通过人工计算,工作量会太大,且较易出错,故本次数据分析计算利用 SPSS 软件对各站点分区数据指标进行标准化、构建相似系数矩阵 R 和提取主成分,最终获得主成分分析聚类图[127]。

渭河流域原始数据矩阵及标准化后数据矩阵同模糊聚类中的数据相同。通过 SPSS 中的【分析】-【降维】-【因子分析】对选取的标准化指标进行主成分提取。通过各个主成分的累积贡献率 α 来筛选主成分,计算出的前三个主成分累积贡献率已到达 90%,因此选取前三个主成分作为分区指标;用所选取的三个主成分对应的特征向量乘以经标准化后的原始数据即可得到各主成分得分,最终主成分得分见表 3-14。

表 3-14 主成分得分

站名	FAC1_1	FAC1_2	FAC1_3	站名	FAC1_1	FAC1_2	FAC1_3
白沙	0.62	−1.62	0.64	马鹿	−0.70	−1.05	−0.50
崔家店	1.02	0.88	−0.79	毛家店	−0.32	0.26	−1.37
何家坡	−0.75	0.38	−0.37	仁大	1.91	0.84	−0.51
侯堡	−0.61	−0.31	1.93	上河	0.59	0.66	−0.85
徽县	0.06	−2.71	0.72	王店	0.51	−.72	−1.14
藉口	0.44	−1.04	0.74	渭源	−1.60	1.07	0.86
静宁	2.55	1.18	0.14	温泉	−0.64	−0.53	1.12
礼县	1.80	0.19	2.26	新城	−0.02	−1.11	−1.54
李家店	−0.48	0.21	−0.45	阳坡	−0.72	0.68	−0.11
李家河	−1.16	1.00	0.24	杨家川	−0.63	1.19	0.45
李家台	−0.44	0.23	−0.56	周家庄	−0.99	0.37	−0.37
立桥里	−0.43	1.10	1.19	邹河	−0.03	−0.45	−1.24
良邑	0.02	−0.71	−0.51				

通过 SPSS 中【分析】-【分类】-【系统聚类】操作来实现站点间的聚类,最终聚类结果如图 3-5 至图 3-8 所示。

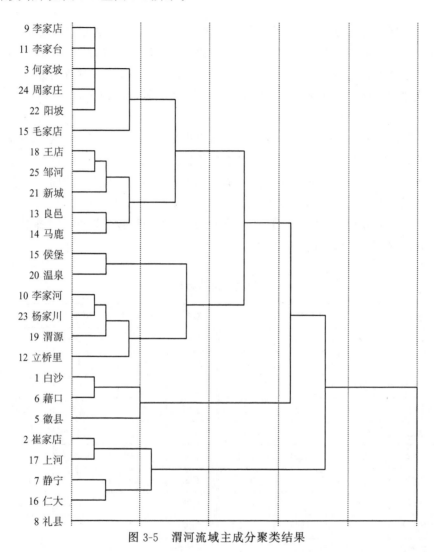

图 3-5　渭河流域主成分聚类结果

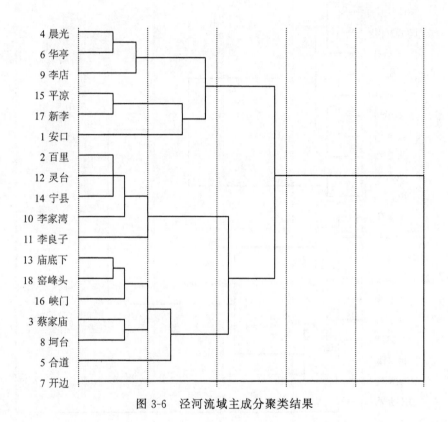

图 3-6 泾河流域主成分聚类结果

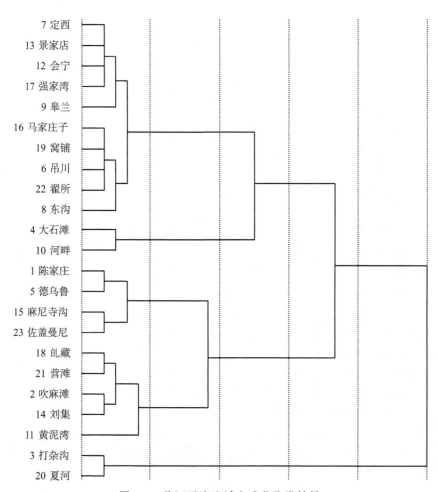

图 3-7 黄河干流流域主成分聚类结果

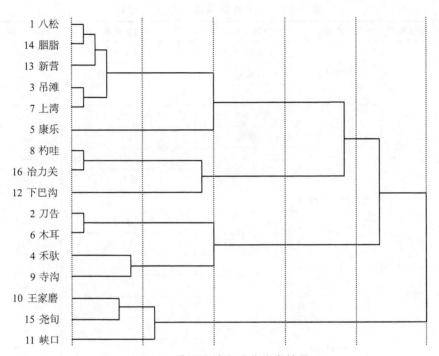

图 3-8　洮河流域主成分聚类结果

3.5　分区结果综合分析

　　根据前文中提到的主成分聚类分析方法和基于等价关系的模糊聚类法对研究区各个水系进行区域划分。在水文区域划分的过程中,划分的子区域数目要适当,既不能太少也不能太多。如果子区域数目太多,则区域内水文站点的数目就会减少,不利于无资料地区径流的预报,且移用单个站点的参数往往存在较大的偶然性;如果子区域数目太少,则划分过于粗糙,较为不相似的站点也会被划分到同一区域,这样移用参数反而会降低模拟精度。因此,在进行水文区域划分时一定要紧密联系该地区的实际情况,充分参考以往的分区结果,综合比较确定分区,从而保证分区的合理性。

　　表 3-15 所示为 2013 年甘肃省水利厅制作的《甘肃省水资源管理图集》中甘肃省黄河流域分区及面积。

表 3-15　甘肃省黄河流域分区及面积

一级区名称	二级区名称	三级区名称	四级区名称	面积/km²
黄河	龙羊峡以上	河源至玛曲	河源至玛曲	6 732
		玛曲至龙羊峡	玛曲至龙羊峡	2 902
		小计		9 634
	龙羊峡至兰州	大通河享堂以上	大通河享堂以上	2 140
		湟水	湟水	1 638
		大夏河、洮河	大夏河	6 649
			洮河	23 920
			小计	30 569
		龙羊峡至兰州干流区间	庄浪河	4 006
			干流区间	5 017
			小计	9 023
		小计		43 370
	兰州至河口镇	兰州至下河沿	兰州至下河西岸	10 848
			兰州至下河东岸	19 375
			小计	30 223
		清水河、苦水河	清水河、苦水河	952
		小计		31 175
	龙门至三门峡	北洛河状头以上	北洛河状头以上	2 245
		泾河张家山以上	马莲河、蒲河、洪河	24 267
			黑河、达溪河、泾河张家山以上	7 035
		小计		33 547
	龙门至三门峡	渭河宝鸡峡以上	渭河宝鸡峡以上南岸	9 547
			渭河宝鸡峡以上北岸	16 231
			小计	25 778
黄河流域合计				143 504

资料来源:《甘肃省水资源管理图集》(甘肃省水利厅,2013)"甘肃省流域分区及面积一览表"

研究中采用上述两种分区方法分别对研究区域进行水文分区,再将这两类方法的分区结果进行比较,采取趋同的方式,对甘肃省黄河流域 4 个水系子流域 82 个水文站点进行划分,综合以上两种分区计算结果,并参考研究区域地形地貌及以往的分区经验,划分后得到的分区成果统计见表 3-16。

表 3-16　分区成果统计

区域	子区	站名		
		模糊聚类	主成分分区	最终分区
黄河干流水系	I	陈家庄、打柴沟	打柴沟、夏河	陈家庄、打柴沟
	II	大石滩	大石滩、河畔	大石滩、东沟、强家湾、皋兰
	III	德乌鲁、佐盖曼玛、黄泥湾、夏河、吹麻滩、刘集、麻尼寺沟、乩藏、营滩	定西、景家店、会宁、强家湾、皋兰、马家庄子、窝铺、吊川、翟所、东沟	吊川、翟所、马家庄子、窝铺、定西、会宁、景家店、河畔
	IV	吊川、翟所、马家庄子、窝铺、定西、会宁、景家店、河畔、东沟、强家湾、皋兰	陈家庄、德乌鲁、麻尼寺沟、佐盖曼玛、乩藏、营滩、吹麻滩、刘集、黄泥湾	德乌鲁、佐盖曼玛、黄泥湾、夏河、吹麻滩、刘集、麻尼寺沟、乩藏、营滩
洮河水系	I	八松、吊滩、上湾、胭脂、康乐	八松、胭脂、新营、吊滩、上湾、康乐、杓哇、冶力关、下巴沟	八松、吊滩、上湾、胭脂、康乐、杓哇
	II	王家磨、尧甸、峡口	王家磨、尧甸、峡口	冶力关、新营、下巴沟、王家磨、峡口、尧甸
	III	冶力关、新营、下巴沟、刀告、木耳、禾驮、寺沟	刀告、木耳、禾驮、寺沟	刀告、木耳、禾驮、寺沟
泾河水系	I	坷台、李良子、宁县、蔡家庙	平凉、新李、安口	合道、李良子、宁县
	II	合道、李店	晨光、华亭、李店	蔡家庙
	III	安口、晨光、华亭、平凉、新李、峡门、开边、庙底下、窑峰头	庙底下、窑峰头、峡门、蔡家庙、坷台、合道	安口、晨光、华亭、平凉、新李、峡门、开边、庙底下、窑峰头
	IV	百里、灵台、李家湾	百里、灵台、宁县、李家湾、李良子	百里、灵台、李家湾、坷台
渭河水系	I	李家河、杨家川、阳坡、渭源、立桥里	侯堡、温泉、李家河、杨家川、渭源、立桥里	李家河、杨家川、阳坡、渭源、立桥里
	II	崔家店、上河、仁大、何家坡、李家店、李家台、周家庄、毛家店、静宁	崔家店、上河、静宁、仁大	崔家店、上河、仁大、何家坡、李家店、李家台、周家庄、毛家店、静宁
	III	良邑、王店、马鹿、邹河	李家店、李家台、何家坡、周家庄、阳坡、毛家店、王店、邹河、新城、良邑、马鹿	良邑、王店、新城、马鹿、邹河
	IV	白沙、温泉、藉口、侯堡	白沙、藉口、徽县	白沙、温泉、藉口、侯堡

由表 3-16 可看出,两类聚类方法的结果并不是完全一致,但站点相似性的聚类上还是有较大相似度的。由此可见,基于多元统计分析的方法所获得的结果具有一定的可信度,但也不可避免出现理论脱离实际的现象。多元统计法虽然以客观数据为理论基础,但是在分区时仍需联系实际情况以及结合一定的地理条件来进行分类,使分区结果趋于合理。在两种分类中,一些距离较远的点也有可能会归为一类,这是因为这些站点虽然相距较远,但是水文响应功能上却有一定的相似之处。

3.6 合理性分析

从两方面对上述分区结果进行合理性验证:一方面是基于 IHA 水文情势指标,通过对比有资料地区水文指标间的分布及相似性来评判分区结果是否合理;另一方面,从径流模拟方面来验证,基于霍顿产流模型对归为一类的有资料站点进行参数移用,通过对模拟结果能否达到相关标准来评判分区结果的合理性。

3.6.1 水文指标

对各有资料站点间的 IHA 指标分布进行简单分析,并基于各水文情势指标对各站点进行主成分聚类分析,通过站点间的相似程度来评判站点间分区结果的合理性。再依据各水文指标进行站点间的主成分聚类分析,最终聚类结果如图 3-9 所示。由图中可看出,安口、宁县、华亭、蔡家庙这几个站点相似性较大,且这几个站点同属于泾河水系,其中安口、华亭为同一水文分区;康乐和冶力关虽在同一水系(洮河水系),但并没有聚为一类,而是与渭河水系的渭源归为一类,这可能是由于有些站点资料较为匮乏,采用此种方法进行分类的合理性检验较为勉强;另外,夏河和冶力关与其他站点均不在同一水系,故站点间的相似性较小。由此可见,只有洮河水系的安口、华亭站点验证分区较为合理,而其他站点因水文资料等的限制,而使得分区结果出现通不过合理性检验的情况,因此有必要对分区合理性检验方法作进一步探讨。

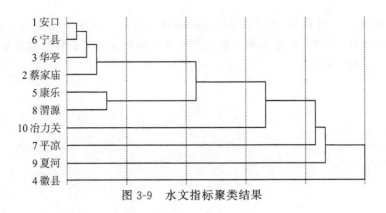

图 3-9　水文指标聚类结果

3.6.2　径流模拟模型验证

水文分区的主要目的是解决无资料地区的水文计算问题,也就是依托有资料站点,通过插值、移用、线性回归等方法,来弥补无资料地区水文计算的空白。本书主要以研究无资料地区径流预报为出发点,基于径流模拟模型来检验分区的合理性。首先人为地假定一些无资料站点,基于产汇流模型,对有资料站点进行参数率定,然后选取与无资料站点较为相似的站点进行参数移用,最后通过分析无资料站点参数移用的效果来评判分区的合理性。

基于前文中最终的水文指标聚类结果选取研究站点,经综合考虑,选取安口、华亭、蔡家庙、渭源、康乐、冶力关作为研究站点,假定安口、康乐为无资料站点。由 3.4 节中的分区结果可知,安口与华亭在同一水文分区,故通过移用华亭站的参数来进行安口站的径流模拟;康乐站与冶力关同一水文分区,故移用冶力关站的模型参数来进行康乐站的径流模拟,以验证分区的合理性。

研究中采用霍顿模型计算产流、滞后演算法演算汇流。各站点的模型参数见 3.2.1 节中的表 3-3,康乐站和安口站参数移用结果见表 3-17。

表 3-17　参数移用结果

站名	参证站	模型移用结果	
		$NSCE$	$peakE/\%$
康乐	冶力关	0.732	−8.05
安口	华亭	0.856	−11.325

注:$peakE$ 指"峰量误差";表中数据是参考数移用之后,用模型计算得到的径流过程,与实测过程进行对比,求取出来的。

由表 3-17 可看出,各站点参数的移用结果较好。但本书仅对同一水系进行了水文分区研究,对于不同水系间相似流域的划分和参数移用的效果,尚有待进一步研究和验证。

第 4 章   相似流域划分

众多水文学者认为,两个流域如果说相似,则要满足下列两个条件之一:
① 具有相同的无量纲洪水频率分布曲线;② 在相同的动力条件下,对单位降
雨具有相同的径流响应函数。第一个条件里的无量纲洪水频率分布曲线是在
地貌单位线的基础上得到的,第二个条件直接认为地貌单位线相似就是流域
水文相似。目前在推求地貌单位线时往往假定单位降雨在流域各点同时产
流,但实际情况并非如此,因此把地貌单位线相似作为流域水文相似的依据明
显不足[128]。

在进行流域水文相似分析时,暂没有具体的量化指标,缺乏比较完备的相
似理论体系。近年来出现的水文相似流域筛选和评价方法,大多通过人为设
定流域特征指标,然后选用相关评价方法(聚类分析法、模糊聚类法等)进行参
证流域的选取[129-131]。如 TOPMODEL 中采用地形指数 $\ln(\alpha/\tan\beta)$ 模拟水
文响应,认为具有相同地形指数的点水文特性相同[132],具有相同地形指数频
率分布的流域相似,然而地形指数只能根据频率分布曲线大致看出流域是否
相似,并不能定量地描述相似程度。我们拟先对地形指数进行分析,在基于地
形指数相似的条件下,根据模糊聚类结果选择参证流域,并尝试对流域间的相
似程度给出定量判断。

4.1   流域特征指标选取

影响流域水文响应的要素主要包括两个方面:下垫面要素和气候要素。
在选取流域相似指标时,需多方考虑,建立相应的相似指标评价体系。

本章以甘肃省部分典型流域为研究对象,在 DEM 和下垫面等资料的基
础上,对流域特征值进行提取。按照分类指标选取的原则,选取能够反映区域
单站水文、气象和下垫面特征的单元数量、路径长度、平均高程、长度、宽度、流

域形状(形状系数)、平均坡度、中心纬度、中心经度、植被指数、土壤类型等因子为分区指标(图 4-1)。

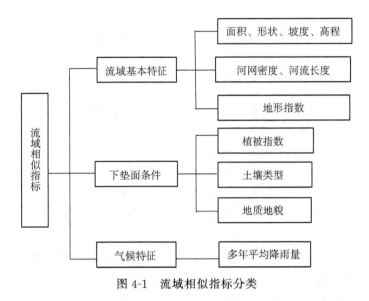

图 4-1   流域相似指标分类

这些指标之间并不是相互独立的,它们之间存在着一定的相关关系,并且各个指标在其中所起的作用也并不相同,因此首先用主成分分析方法对提取指标进行降维处理,使新的指标之间彼此相互独立,并且保留了数据的主要信息,这样可以减少指标个数,更方便地处理数据信息[133-134]。

4.2   主成分分析

在选取流域相似分析的指标时,为了能够全面系统地反映问题,我们往往尽可能多地选择不同变量,以期能对问题有比较全面、完整的把握和认识。但这样往往会出现各流域特征之间存在较强相关性的情况,这些变量之间存在较多的信息重叠,直接用它们分析问题,不但模型复杂,而且还会因为变量之间存在多重共线性而引起较大的误差[105]。若将相关的流域指标直接剔除,又会减少信息的利用率,从而失去流域聚类的实际意义。因此,在进行相似流域划分之前,进行主成分分析,选取最合适的流域特征因子进行相似流域划分是非常必要的。

主成分分析是用于将多个相关变量简化为少数几个综合指标的多元统计分析方法,可以在尽可能保留变量信息的基础上降低变量维数。

对 n 个流域,每个流域提取出 m 个流域特征指标,这样构成了 $m \times n$ 阶观测矩阵:

$$\boldsymbol{X} = \begin{bmatrix} x_{11} & \cdots & x_{1m} \\ \vdots & \ddots & \vdots \\ x_{n1} & \cdots & x_{nm} \end{bmatrix} \tag{4-1}$$

定义 $x_1, x_2, \cdots, x_m$ 为原始指标变量,一共构成 m 个指标,再对这 m 个指标进行线性组合,构成新的综合变量 $F_1, F_2, \cdots, F_p (p \leqslant m)$,并且 F_i 与 $F_j (i \neq j; i, j = 1, 2, \cdots, p)$ 互不相关。其中每个主成分提取的信息量用其方差度量,即方差越大,包含的信息就越多。其数学模型为:

$$\begin{cases} F_1 = a_{11} x_1 + a_{12} x_2 + \cdots + a_{1m} x_m \\ F_2 = a_{21} x_1 + a_{22} x_2 + \cdots + a_{2m} x_m \\ \vdots \\ F_p = a_{p1} x_1 + a_{p2} x_2 + \cdots + a_{pm} x_m \end{cases} \tag{4-2}$$

式中,F_1 为 $x_1, x_2, \cdots, x_m$ 的一切线性组合中方差最大的,称为第一主成分;如果第一主成分不足以代表原 m 个指标的信息,考虑选取第二个主成分 F_2。以此类推,构造出的 $F_1, F_2, \cdots, F_p$ 为原指标变量 $x_1, x_2, \cdots, x_m$ 的第一、第二、……、第 p 个主成分。本书以方差累积贡献率达到 90% 以上为指标来确定主成分的个数,即选取能反映原指标 90% 以上的信息量作为判定标准来确定主成分个数[135]。

选取流域面积(km^2)(x_1)、平均出流路径长度(km)(x_2)、平均海拔(km)(x_3)、流域长度(km)(x_4)、流域宽度(km)(x_5)、形状系数(x_6)、平均坡度(x_7)、河网密度(km)(x_8)、林地面积比例(%)(x_9)、耕地面积比例(%)(x_{10})、草地面积比例(%)(x_{11})、黏土含量(%)(x_{12})、砂土含量(%)(x_{13})、粉质土含量(%)(x_{14})、地质类型(x_{15})、地貌类型(x_{16})、多年平均降雨量(mm)(x_{17})等 17 项指标,对甘肃省 9 个不同典型流域的特征指标进行统计,然后利用 SPSS 软件进行主成分分析,最终选取高程、流域面积、出流路径长度、平均坡度、形状系数、植被以及土壤类型作为相似流域的基本分类指标,详见表 4-1。

表 4-1　典型流域的流域特征值

站名	高程 /m	流域面积 /km²	出流路径长度 /km	平均坡度	形状系数	植被	黏土 /%	砂土 /%
静宁	1 991	2 854	53.9	0.054	0.513	9.7	19.2	62.6
开边	1 702	2 232	73.6	0.054	0.416	9.1	20.6	60.8
平凉	2 018	1 305	34.0	0.096	0.578	8.3	23.1	58.9
夏河	3 565	1 692	37.6	0.088	0.647	8.6	24.0	57.0
冶力关	3 288	1 186	32.7	0.099	0.642	7.1	23.1	56.6
礼县	1 883	3 184	44.3	0.076	0.423	8.8	29.9	50.1
下巴沟	3 343	1 695	47.7	0.082	0.477	8.8	24.3	54.5
会宁	1 986	1 041	27.9	0.065	0.558	9.2	14.5	72.0
灵台	1 290	1 500	29.2	0.058	0.461	6.1	15.0	73.0

4.3　流域相似性分析

对于相似流域选择的不确定性,研究者提出了一些基于模糊数学和灰色理论的相似流域选择方法,目前应用较为广泛的有灰关联分析法、模糊优选法、非平权距离系数法等,而聚类分析法应用更为广泛。

聚类是一个将集中在某些方面相似的数据成员进行分类组织的过程,又被称为无监督学习,近年来它在无资料地区径流模拟中得到了广泛应用[135]。聚类分析是根据事物本身特性来研究个体分类的方法,其遵循的原则为类间的个体具有较大的差异,类内的个体则相似性很大[136]。其实质是建立一种分类方法,将样本数据按照其在性质上的亲密程度在无先验知识的情况下进行自动分类。通过聚类分析对样本进行合理分类,找出无资料地区对应的有资料的相似流域,从而进行参数的移植。该方法是可行的,因为气候特征和地形决定了流域的水文行为,当流域具有相似的物理属性时,就能对水文模型参数进行移用[137]。

聚类分析算法主要包含层次法、划分法、基于模型的方法、基于密度的方法以及模糊聚类方法等。

（1）层次法

层次法将数据集聚类成具有层次嵌套结构的树状图，该方法又可分为分裂法和凝聚法。其中，分裂法采用自顶向下的分解方式，起始时数据对象都处于一个类中，通过不断细分，直至满足一个终止条件或每个数据对象自成一类；凝聚法与其相反，采用自底向上的聚合过程，起始时各个数据对象各为一类，再按照"距离最近"原则合并两个子类形成新的类，直至满足一个终止条件或数据对象均被合并到一个类中。该方法缺陷为：一个步骤（分裂或者合并）一旦实现，它便无法被撤销，即不能更正错误的决定。

（2）划分法

划分法先设定聚类的目标函数，再通过优化该函数划分数据集合，K 均值算法即为划分法的代表性方法。在该方法中，个体之间的密切程度是用距离来表示的，对于聚类结果的得出需要事先给定分类数。

（3）基于模型的方法

基于模型的方法的目标是使给定的数据与某个数学模型达到最佳拟合，主要包括以下两种方法。

① 神经网络方法。把各个聚类表示为一个例证，通过判断新对象和哪个例证最接近，从而将其划分到相应聚类中，且其属性能根据聚类的例证进行预测。

② 统计方法。概念聚类分析包含两个步骤，首先进行聚类，然后进行特征的描述。许多概念聚类分析均采用统计方法，即通过概率参数确定聚类或者概念。

（4）基于密度的方法

基于密度的方法的主要思想是当区域中点密度大于某阈值时，便将它添加到与之相邻的类中。此方法能够去除"噪声"孤立点数据，从而找出任意形状的聚类。代表性方法有 DBSCAN 算法，它把类规定为密度相连点的最大集合，根据密度阈值控制类的增长。

（5）模糊聚类方法

传统聚类分析对事物进行分类，类别的界限分明，具有"非此即彼"的性质，属于硬分类。在现实中，很多分类问题都具有模糊性，绝大部分对象并无严格界限，具有"亦此亦彼"的性质，属于软分类[136]。因此，为了更合理地划分类别，把模糊数学技术引入聚类分析，便形成了模糊聚类分析[138]。它作为一种数学分类方法，在包含水文学领域在内的多个领域都得到了广泛应用。水文现象通常用一组具有连续性的特征指标向量来表示，研究其分类本身就具有一定的模糊性。模糊数学将传统数学理论中的二维逻辑延伸到连续性数值上,使得模糊聚类分析更接近实际,通过该分析,能得出样本归为各类别的不确定程度,即在某种相似性程度的基础上属于同一类。因而近些年来,模糊聚类成为聚类分析研究的主要方向。

常用的模糊聚类分析方法包含以下两类:

① 基于目标函数的聚类分析方法。在该类方法中,被广泛应用的是模糊 C 均值(FCM)聚类算法。该方法易于计算机实现且设计简单,聚类准则能用公式较准确地表达,有些问题能通过模糊理论得到合理的解决,算法复杂程度低,应用效果较好,已成为十分重要的聚类研究方法之一。但是该算法在样本的特征点比较多的时候,并不能保证其实时性,且在计算的过程中,或许会因为陷入局部的最优点而无法实现全局的最优。

② 基于模糊矩阵的聚类分析方法。模糊矩阵的聚类分析主要包括直接聚类法、模糊传递闭包法和最大树法。

本书分别采用模糊传递闭包法和 K 均值算法划分相似流域,以实现划分结果的相互验证。

4.3.1 模糊传递闭包法

利用模糊传递闭包法对研究流域进行相似流域划分,主要步骤如下。

4.3.1.1 数据标准化

特性指标之间的数量级以及量纲存在着差异,在分类的过程中,数量级较大的特性指标会给分类带来更突出的作用,从而会降低乃至排除数量级较小的特性指标作用,因此需先将数据进行标准化,以消除因度量和单位差别造成的影响。根据模糊矩阵的要求,需把原始数据转换至[0,1]区间上,因此还需将标准化的数据进行平移-极差变换,这样就能使所有的指标统一至相同的数值特性范围,具体操作如下。

(1) 平移-标准差变换(标准化公式)

$$x'_{ik} = \frac{x_{ik} - \overline{x_k}}{s_k} \quad (i=1,2,\cdots,n; k=1,2,\cdots,m) \tag{4-3}$$

式中,$\overline{x_k}$ 为第 k 个指标的均值,$\overline{x_k} = \frac{1}{n}\sum_{i=1}^{n} x_{ik}$;$s_k$ 为第 k 个指标的均方差,$s_k = \sqrt{\frac{1}{n}\sum_{i=1}^{n}(x_{ik} - \overline{x_k})^2}$;$x_{ik}$ 为第 i 个对象的第 k 个指标;x'_{ik} 为经平移-标准差变

换后的第 i 个对象的第 k 个指标值。

通过该变换,各变量均值是 0,标准差是 1,消除了量纲带来的影响。但 x'_{ik} 并非一定在 $[0,1]$ 区间上,因此还需要进行平移-极差变换。

(2) 平移-极差变换(极值标准化公式)

$$x''_{ik} = \frac{x'_{ik} - \min_{1\leqslant i\leqslant n}\{x'_{ik}\}}{\max_{1\leqslant i\leqslant n}\{x'_{ik}\} - \min_{1\leqslant i\leqslant n}\{x'_{ik}\}} \quad (k=1,2,\cdots,m) \tag{4-4}$$

4.3.1.2　构造模糊等价矩阵

先利用 SPSS 统计分析软件,求出相似矩阵,但该矩阵并非一定具有传递性,所以需要新构造一个模糊等价矩阵,即模糊传递闭包矩阵 $t(R)$,适当地选择置信水平值 $\lambda \in [0,1]$,得到 $t(R)$ 的 λ 截矩阵 $t(R)_\lambda$。设 $t(R) = (r_{ij})_{n\times n}$,则

$$t(R)_\lambda = (r_{ij}(\lambda))_{n\times n},\text{其中 } r_{ij}(\lambda) = \begin{cases} 1, r_{ij} \geqslant \lambda \\ 0, r_{ij} < \lambda \end{cases} \tag{4-5}$$

4.3.1.3　进行动态分类

可按照 $t(R)_\lambda$ 进行分类,对于 x_i、x_j,如果 $r_{ij}(\lambda)=1$,则在 λ 水平上可将对象 x_i、x_j 划为一类。若要更直观地看到被分类对象的相关程度,只要把传递闭包矩阵 $t(R)$ 中全部元素按照从大往小的顺序进行编排:$1=\lambda_1>\lambda_2>\cdots>\lambda_n$,得到按照 λ 截矩阵进行的一系列分类,然后再把该系列分类在同一个图上画出,便是动态聚类图。

把选取的特征值数据化为无因次量,并消除其因变异程度和取值范围的不同而带来的影响,需对原始数据进行标准化处理。将表 4-1 中各项特征值按式(4-3)和式(4-4)进行平移-标准差和平移-极差变换,可以把矩阵转化为 $[0,1]$ 上的标准矩阵,结果见表 4-2。对该矩阵,采用相似系数法(夹角余弦法)计算各分类对象间的相似程度,从而建立模糊相似矩阵,进而得出动态聚类图,如图 4-2 所示。根据该图,如果将 9 个站划分为 4 类,则对应的 $\lambda=0.888$,具体分类情况为:$\{1,2\}$、$\{3,4,5,7\}$、$\{6\}$、$\{8,9\}$,即$\{$静宁,开边$\}$、$\{$平凉,夏河,冶力关,下巴沟$\}$、$\{$礼县$\}$、$\{$会宁,灵台$\}$ 分别为相似流域;如果将 9 个站划分为 5 类,则对应的 $\lambda=0.934$,具体分类情况为:$\{1,2\}$、$\{6\}$、$\{3\}$、$\{4,5,7\}$、$\{8,9\}$,即$\{$静宁,开边$\}$、$\{$礼县$\}$、$\{$平凉$\}$、$\{$夏河,冶力关,下巴沟$\}$、$\{$会宁,灵台$\}$ 分别为相似流域。

表 4-2　流域特征值标准化结果

站名	高程 /m	流域面积 /km²	出流路径长度 /km	平均坡度	形状系数	植被	黏土 /%	砂土 /%
静宁	0.308	0.846	0.569	0.000	0.420	1.000	0.305	0.546
开边	0.181	0.556	1.000	0.000	0.000	0.833	0.396	0.467
平凉	0.320	0.123	0.133	0.933	0.701	0.611	0.558	0.384
夏河	1.000	0.304	0.212	0.756	1.000	0.694	0.617	0.301
冶力关	0.878	0.068	0.105	1.000	0.978	0.278	0.558	0.284
礼县	0.261	1.000	0.359	0.489	0.030	0.750	1.000	0.000
下巴沟	0.902	0.305	0.433	0.622	0.264	0.750	0.636	0.192
会宁	0.306	0.000	0.000	0.244	0.615	0.861	0.000	0.956
灵台	0.000	0.214	0.028	0.089	0.195	0.000	0.032	1.000

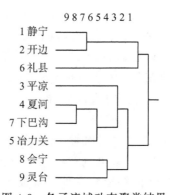

图 4-2　各子流域动态聚类结果

4.3.2　K 均值聚类算法

K 均值聚类算法是先随机选取 K 个对象作为初始的聚类中心,然后计算每个对象与各个初始聚类中心之间的距离,把每个对象分配给离它最近的聚类中心,聚类中心以及分配给它们的对象就代表一个聚类。一旦所有对象都被分配,每个聚类的聚类中心会根据聚类中现有的对象被重新计算,这个过程将不断重复直到满足某个终止条件。终止条件可以是没有(或最小数目)对象被重新分配给不同的聚类、没有(或最小数目)聚类中心再发生变化,或者误差平方和局部最小。简洁和高效使得 K 均值聚类成为使用最为广泛的聚类划分算法,它基于距离度量个体之间的亲密程度,并通过指定的分类数求出聚类结果。其基本步骤如下:

(1)选择聚类分析的变量和类数。规定聚类的个数需要大于或等于 2,但不能比观测量的数值大。

(2)确定 K 个初始类中心。假如选取 n 个变量来进行聚类分析,当聚类数 K 事先确定的情况下,首先需指出具有代表性的 K 个观测量作为聚类的种子,它们就是 K 个初始类中心。

(3)分类按照距离最近的原则来进行。通过比较观测量到此 K 个类中心的距离,将其分给距离最近的类中心所属类之中,这样首次迭代的 K 个分类便形成。

(4)迭代按照聚类终止的条件来进行。根据构成各类的观测量求出选取的 n 个变量的平均值,那么各类的 n 个均值便又能构成 K 个点,此时第二次迭代类中心形成。以此类推,直至达到指定的迭代次数或者终止迭代的判断标准时,停止迭代,聚类结束。

根据以上分析过程可看出,K 均值聚类分析为逐步聚类分析,即首先对聚类对象初始分类,再通过逐步调整,实现最终的分类。聚类分析中通过使用聚类中心,将该类的性质很好地表现出来。不同类的聚类中心通常代表的意义也不同。如果两个对象属于同一类,则它们具有相同或相似的性质,对于无资料地区的径流模拟,能提供更多的参考依据。

本书选用 SPSS 统计分析软件进行 K 均值聚类分析,结果见表 4-3。从表中可以看出,各子流域划分情况为:{6}、{3、4、7、5}、{1、2}、{8、9},这个分类结果与模糊传递闭包算法 $\lambda = 0.888$ 时的划分结果一致。

表 4-3　各流域 K 均值聚类分析结果

案例号	站名	聚类	距离
1	静宁	3	0.523
2	开边	3	0.517
3	平凉	2	0.316
4	夏河	2	0.325

表 4-3(续)

案例号	站名	聚类	距离
5	冶力关	2	0.246
6	礼县	1	0.000
7	下巴沟	2	0.317
8	会宁	4	0.636
9	灵台	4	0.640

4.4 流域相似度指标

目前,进行流域相似性分析的研究众多,但是尚没有标准的流域特征指标选取方法。模糊聚类法具有简洁明了的特点,但是无论是模糊传递闭包算法还是 K 均值聚类算法都无法定量一个流域具体的相似性的大小,只能给出一个相对划分指标,因而需要进一步对研究区域的相似性进行定量评价。本书以参数较少的 SCS 模型为例进行相关分析。

4.4.1 SCS 模型简介

SCS 模型最初是由美国农业部水土保持局针对小流域洪水设计而开发的,是在土壤保持工程和防洪工程的设计中发展起来的径流和洪峰流量估算方法[139-140],后来又演变出许多不同的形式。目前已经在美国和欧洲一些国家的中小流域以及城市水文预报中得到了较为广泛的应用[141-143],我国的水文学者也将 SCS 模型用于防洪规划[144-145]、径流模拟[146-147]等方面,并且取得了良好的应用效果。SCS 模型从流域下垫面的角度来研究径流和暴雨之间的关系,相较于其他模型,其主要优势包括以下四个方面:

(1)在降水径流关系上,SCS 模型考虑了流域下垫面的特点。土壤、坡度、植被、土地利用等这些下垫面特性是降水径流关系的制约因素,SCS 模型的主要参数可由土壤类型、土地利用情况以及土壤前期湿润条件确定,而这些可以通过遥感资料获取。

(2)模型结构简单,参数较少,应用方便。

（3）可有效应用于无资料或是缺资料地区。

（4）SCS 模型考虑了人类活动对水文响应过程的影响,例如水利工程措施、土地利用方式、城市化等因素对降水径流的影响,也就是说它能针对未来土地利用情况的变化,预估降水径流关系的可能变化。

4.4.1.1　产流计算

SCS 模型的理论基础为:在降水达到初始吸收值 I_a 之前无径流产生;在 I_a 满足后,径流深 R 为降水扣除 F 的余项,其中 F 是降水入渗或流域内的持蓄水量(不包括 I_a),而持水能力 S 是长历时暴雨中 $(F+I_a)$ 达到的极限数值。SCS 模型的降水-径流基本关系为:

$$\frac{F}{S}=\frac{R}{P-I_a} \tag{4-6}$$

式中,P 为降水量,mm;R 为径流深,mm;I_a 为初损,mm;F 为后损,mm;S 为流域当时的最大可能滞留量,它是后损 F 的上限,mm。

由水量平衡原理有:

$$P=I_a+F+R \tag{4-7}$$

将式(4-6)和式(4-7)相结合,消去 F,考虑到初损 I_a 未满足时无径流产生,得到 SCS 模型的产流计算公式:

$$\begin{cases} R=\dfrac{(P-I_a)^2}{P+S-I_a},P\geqslant I_a \\ R=0, \qquad\qquad P<I_a \end{cases} \tag{4-8}$$

初损 I_a 包括地面洼地蓄水、植物截流、下渗和蒸发等,其值是高度变化的,表现了前期条件对降水初始损失的影响。I_a 不易求得,为了使计算简化,消去一个变量,引入一个经验关系:

$$I_a=0.2S \tag{4-9}$$

这种近似关系在不同情形下可能发生改变,如在城市区不透水面和透水面的组合可能减小初期损失,而如果不透水面是一个洼地,可以蓄积一部分径流,就有可能增加初损。如果不用该经验关系,就必须根据降水-径流资料对每一种下垫面条件,建立新的 I_a 与 S 或 CN 的关系。

将公式(4-9)代入公式(4-8),得

$$\begin{cases} R=\dfrac{(P-0.2S)^2}{P+0.8S},P\geqslant 0.2S \\ R=0, \qquad\qquad P<0.2S \end{cases} \tag{4-10}$$

其中,S 为最大潜在降水损失(mm),表示降水与径流之间可能的最大差值,其值的变化幅度很大,因此引入了一个无因次参数 CN,即径流曲线数,通过 CN 与土壤和流域覆被条件建立经验关系,即:

$$S = \frac{25\ 400}{CN} - 254 \tag{4-11}$$

径流曲线数 CN 是反映降水前流域特征的一个综合参数。它与流域前期土壤湿润程度(AMC)、坡度、植被、土壤类型和土地利用状况有关。CN 是 SCS 模型中唯一的产流参数,反映了不同条件对产流的影响。

4.4.1.2 汇流计算

SCS 模型在汇流计算中采用一条统一的无因次单位线来计算径流输出过程,SCS 模型单位线的净雨时段是变化的,故不能给出各时段的无因次单位线纵坐标值。无因次单位线纵坐标为 q_v/q_{vp},横坐标为 t/t_p。q_{vp} 和 t_p 分别为有因次单位线的洪峰流量($\mathrm{m^3/s}$)和峰现历时(h)。单位线洪峰流量计算公式为:

$$q_{vp} = \frac{0.208AR}{t_p} \tag{4-12}$$

式中,A 为流域面积,$\mathrm{km^2}$;R 为单位径流深,mm;t_p 与汇流时间 t_c 可建立如下关系:

$$t_p = 2t_c/3 \tag{4-13}$$

汇流时间 t_c 则由滞时 t_L 通过以下公式求得:

$$t_c = 5t_L/3 \tag{4-14}$$

t_L 的计算公式为:

$$t_L = \frac{l^{0.8}(S + 25.4)^{0.7}}{7\ 069.7y^{0.5}} \tag{4-15}$$

式中,t_L 为滞时,是净雨中心到洪峰出现时间的时距,h;l 为水流长度,m;S 为流域当时最大可能滞留量,mm;y 为流域平均坡度,%。

由无因次单位线转化成时段单位线,其单位净雨是 25.4 mm,净雨时段 D 由下式确定:

$$D = 0.133t_c \tag{4-16}$$

根据流域条件,由上述公式可求得 q_{vp}、t_p 和 D。用 q_{vp} 和 t_p 可将无因次单位线转化为有因次单位线。由产流公式可求出每一时段的径流量 R,与单位线相乘,按叠加原理可得出出流过程。

4.4.2　相似度指标设置

结合所提取的流域特征指标与 SCS 模型主要参数,本书尝试从产流、汇流两个方面对流域相似性进行分析。为了对流域相似性进行定量的描述,便于不同流域相似性的判断,将流域相似性的大小定义为流域的相似度。结合流域特性指标与 SCS 模型产汇流原理,分别选取相应的产流特征值和汇流特征值,每个特征属性均采用多年平均值,用以下公式计算流域相似性指标:

$$\varphi = 1 - \sum_{i=1}^{k} \frac{\mid X_i(G) - X_i(U) \mid}{\Delta X_i} \tag{4-17}$$

式中,$X_i(G)$ 和 $X_i(U)$ 分别表示目标流域(有资料流域)和参证流域(无资料流域)的各特征值;ΔX_i 为各特征值最大值与最小值的差值;k 为特征值个数;φ 为流域的相似性指标,其取值范围为 $0 \sim 1$,φ 值越大表示两个流域越相似。

对于计算出来的 φ 值,可根据其大小对流域的相似性进行评估,具体分级标准见表 4-4。

表 4-4　流域相似度分级指标

标准	描述
$0.8 \leqslant \varphi < 1$	相似流域
$0.6 \leqslant \varphi < 0.8$	近相似流域
$\varphi < 0.6$	不相似流域

4.4.3　基于产流参数的相似流域划分

改进后的 SCS 模型一共有三个产流参数:径流曲线数 CN、初损比例 m 和蒸散发调节系数 K_e。径流曲线数 CN 是反映降水前流域特征的一个综合参数,与流域前期土壤湿润程度、坡度、植被覆盖情况、土地利用方式有关;不同土壤类型,其特征值(饱和度、饱和导水率、孔隙率等)也会有所差异,从而对流域水循环过程产生不同的影响,该种影响主要通过流域产汇流过程来体现。此外,模型中还引入稳定下渗率 f_c 来进行水源的划分,饱和水力传导度与稳定下渗率的物理意义相同,故以饱和水力传导度来代替稳定下渗。研究中选取土壤孔隙度、饱和水力传导度及植被覆盖三个参数为流域产流特征因子。

各流域的产汇流特征因子取值见表 4-5,采用式(4-17)分别计算各流域的流域相似度,计算结果见表 4-6。

表 4-5　各流域产汇流特征因子取值

序号	站名	平均坡度	形状系数	出流路径长度/km	植被覆盖	土壤孔隙度	饱和水力传导度
1	静宁	0.054	0.513	53.9	9.65	0.443	4.026
2	开边	0.054	0.416	73.6	9.11	0.445	3.860
3	平凉	0.096	0.578	34.0	8.30	0.460	2.723
4	夏河	0.088	0.647	37.6	8.61	0.520	2.400
5	冶力关	0.099	0.642	32.7	7.14	0.502	2.550
6	礼县	0.076	0.423	44.3	8.79	0.480	1.211
7	下巴沟	0.082	0.477	47.7	8.81	0.511	2.332
8	会宁	0.065	0.558	27.9	9.21	0.430	5.240
9	灵台	0.058	0.461	29.2	6.08	0.430	5.240

表 4-6　产流特征指标相似度计算结果

站名	静宁	开边	平凉	夏河	冶力关	礼县	下巴沟	会宁	灵台
静宁	1.00	0.94	0.74	0.36	0.36	0.61	0.44	0.84	0.58
开边	0.94	1.00	0.80	0.42	0.42	0.67	0.50	0.86	0.61
平凉	0.74	0.80	1.00	0.56	0.62	0.78	0.61	0.66	0.55
夏河	0.36	0.42	0.56	1.00	0.75	0.69	0.92	0.27	0.11
冶力关	0.36	0.42	0.62	0.75	1.00	0.68	0.80	0.28	0.36
礼县	0.61	0.67	0.78	0.69	0.68	1.00	0.76	0.53	0.34
下巴沟	0.44	0.50	0.61	0.92	0.80	0.76	1.00	0.35	0.16
会宁	0.84	0.86	0.66	0.27	0.28	0.53	0.35	1.00	0.80
灵台	0.58	0.61	0.55	0.11	0.36	0.34	0.16	0.80	1.00

由表 4-6 可以看出:

(1)与静宁(此处静宁指静宁站的控制流域,下同)相似度最高的流域为开边,二者相似度为 0.94,接下来为会宁,其值为 0.84,静宁的近相似流域为平凉、礼县。

（2）与开边相似度最高的流域为静宁（0.94），接下来为会宁（0.86）、平凉（0.80），近相似流域为礼县、灵台。

（3）平凉的相似流域为开边（0.80），除了夏河、灵台，其余的流域都是平凉的近相似流域。

（4）夏河的相似流域为下巴沟（0.92），近相似流域为冶力关、礼县。

（5）冶力关的相似流域为下巴沟，近相似流域依次为夏河、礼县、平凉。

（6）礼县没有相似流域，但除了会宁、灵台之外的 6 个流域都是其近相似流域。

（7）下巴沟的相似流域为夏河（0.92）、冶力关（0.80），近相似流域为礼县、平凉。

（8）会宁的相似流域为开边（0.86）、静宁（0.84）、灵台（0.80），近相似流域为平凉。

（9）灵台的相似流域只有会宁（0.80），近相似流域为开边。

总体来说，静宁和开边、夏河和下巴沟互为相似度最高的流域，此外，冶力关和下巴沟、会宁和灵台也互为相似流域，这与模糊传递闭包算法和 K 均值聚类算法的划分结果一致。不过按照产流特征值指标来划分，静宁和会宁、开边与平凉、开边与会宁也互为相似流域。

4.4.4　基于汇流参数的相似流域划分

在汇流计算中主要涉及直接径流和地下径流的两个参数，一个是消退系数 C_s 和 C_g，另外就是滞后时间 T_s 和 T_g。其中，消退系数处理洪水的坦化过程，影响洪峰流量，而滞后时间处理洪水的平移过程，影响峰现时刻。流域的水文响应受到降水和下垫面条件的综合影响，在降水条件一定时，流域的下垫面条件对水文响应有着重要影响。研究中选取流域出流路径长度、平均坡度[148-149]（此处指流域地表坡度 $\tan\beta$，是径流在流域中任意一点的累积趋势以及在重力作用下顺坡移动的趋势，决定汇流速率）及土壤饱和下渗能力（决定基流出流时间长短）作为汇流特征指标，其取值见表 4-5，其汇流特征指标相似度计算结果见表 4-7。

表 4-7 汇流特征指标相似度计算结果

站名	静宁	开边	平凉	夏河	冶力关	礼县	下巴沟	会宁	灵台
静宁	1.00	0.98	0.05	0.22	0.07	0.44	0.34	0.73	0.88
开边	0.98	1.00	0.04	0.21	0.07	0.43	0.33	0.71	0.86
平凉	0.05	0.04	1.00	0.82	0.92	0.53	0.69	0.26	0.11
夏河	0.22	0.21	0.82	1.00	0.75	0.71	0.87	0.42	0.28
冶力关	0.07	0.07	0.92	0.75	1.00	0.46	0.62	0.18	0.03
礼县	0.44	0.43	0.53	0.71	0.46	1.00	0.84	0.65	0.50
下巴沟	0.34	0.33	0.69	0.87	0.62	0.84	1.00	0.55	0.40
会宁	0.73	0.71	0.26	0.42	0.18	0.65	0.55	1.00	0.86
灵台	0.88	0.86	0.11	0.28	0.03	0.50	0.40	0.86	1.00

由表 4-7 可见,按照汇流特征指标划分:

(1)静宁站的最相似流域为开边(0.98),其次为灵台(0.88),会宁为其近相似流域。

(2)开边的最相似流域为静宁(0.98),其次也为灵台(0.86),近相似流域也是会宁。

(3)平凉的相似流域为冶力关(0.92)、夏河(0.82),近相似流域为下巴沟。

(4)夏河的相似流域为下巴沟(0.87)、平凉(0.82),近相似流域为冶力关、礼县。

(5)冶力关的相似流域为平凉(0.92),近相似流域为夏河、下巴沟。

(6)礼县的相似流域为下巴沟(0.84),近相似流域为夏河、会宁。

(7)下巴沟的相似流域为夏河(0.87)、礼县(0.84),近相似流域为平凉、冶力关。

(8)会宁的相似流域为灵台(0.86)。

(9)灵台的相似流域为静宁(0.88)、会宁(0.86)、开边(0.86)。

静宁与开边、平凉与冶力关、下巴沟与夏河互为最相似流域,同时平凉与夏河、会宁与灵台也互为相似流域,这与模糊传递闭包算法及 K 均值聚类算法的分析结果基本一致。不过,按照汇流特征指标划分,礼县与下巴沟也互为相似流域。

第 5 章　Hordon 模型在无资料
地区的应用

　　针对甘肃省典型中小河流的降雨、下垫面特性,本书选用 Horton 模型对其进行无资料地区的水文模拟研究。该模型在霍顿下渗能力曲线的基础上推求产流的计算方法,具有物理基础,属于超渗产流模式,能应用于甘肃省典型中小河流的水文模拟。在产流计算中,只需要 3 个参数,计算简便,能满足精度要求,而且有利于向无资料地区的推广。

5.1　模型概述

　　Horton 于 1935 年发表了《地表径流现象》一文,文中提出了一个"猜想":从雨滴降落至地面到径流的产生,必将经历两次再分配的过程。一次是地面的"筛子"作用,它的筛孔大小可以由地面下渗能力 f_p 来表示,如果雨强 $i < f_p$,那么实际下渗率是 $f = i$,地面径流量是 $r = 0$;如果 $i > f_p$,那么 $f = f_p$,$r = i - f_p$;如果 $i = f_p$,那么 $f = f_p$,$r = 0$。另一次是包气带的"门槛"作用。于降雨历时 T 内,下渗量可表示为 $I = \int_0^T f \mathrm{d}t$,它需经受第二次的分配。当 $I - E > D$ 时,表明包气带已经"蓄满"了且还有多的水,那么地下径流就会出现(其中 D 表示包气带缺水量,它等于田间持水量 W_f 和初始含水量 W_0 的差值;E 表示包气带蒸散发量);当 $I - E \leqslant D$ 时,表明包气带还未"蓄满"或者说刚刚"蓄满",那么地下径流就不会出现。根据是否出现地下径流,可看出包气带田间持水量 W_f 扮演着"门槛"的角色,因此 Horton 认为 i 和 f_p 之间的关系以及 $(I - E)$ 和 D 之间的关系决定了包气带的产流机制。后来这一观点被很多实验资料和水文观测所证实,并被称为具有深远影响的产流理论,即 Horton 产流理论。

　　假如供水充分,经过下渗试验便能得出下渗能力和时间之间的关系。

Horton 于 1933 年得出的下渗公式为:

$$f = f_c + (f_0 - f_c) e^{-Kt} \qquad (5-1)$$

式中, f 表示下渗率; f_c 表示稳定下渗率; f_0 表示初始的下渗能力; K 表示经验参数。Horton 下渗公式是垂向一维 Richards 方程式的一种解析解,而垂向一维 Richards 方程是一种描述下渗过程的数学物理方程。

公式(5-1)可分为两个部分:一部分表示土壤含水量 dW 式(5-11);另一部分则形成地下径流 dg,计算公式可分别表示为[150]:

$$dw = f_0 e^{-Kt} \qquad (5-2)$$

$$dg = f_c (1 - e^{-Kt}) \qquad (5-3)$$

对公式(5-2)进行积分,可以得出土壤含水量和时间的关系:

$$W = \int_0^t f_0 e^{-Kt} \, dt = \frac{f_0}{K} (1 - e^{-Kt}) \qquad (5-4)$$

由公式(5-4)可知,当降雨历时较长时,得出流域最大蓄水量 W_{max} 为:

$$W_{max} = \lim_{t \to \infty} \left[\frac{f_0}{K} (1 - e^{-Kt}) \right] = \frac{f_0}{K} \qquad (5-5)$$

初始土壤含水量 W_0 由前期影响雨量 P_a 表示,其为土壤湿度指标,可根据前期雨量计算,公式为:

$$P_{a,t} = bP_{t-1} + b^2 P_{t-2} + b^3 P_{t-3} + \cdots + b^{15} P_{t-15} \qquad (5-6)$$

式中, $P_{a,t}$ 表示 t 日开始时的土壤含水量; P_{t-1} 表示前 1 日的日雨量; P_{t-2} 表示前 2 日的日雨量;……; P_{t-15} 表示前 15 日的日雨量; b 表示常系数,为雨量变成土壤含水量时的日折减系数(<1)。式中,日数可以按照需要进行改变,以表现前期的降雨对产流过程和次洪产流量的影响。

当已知初始土壤含水量 W_0,由公式(5-4)可求得对应的时间 t_a 以及下渗率 f_a 为:

$$t_a = -\frac{1}{k} \ln \left(1 - \frac{k}{f_0} W_0 \right) \qquad (5-7)$$

$$f_a = f_c + (f_0 - f_c) e^{-Kt_a} \qquad (5-8)$$

设时间间隔为 dt,令 $t_b = t_a + dt$,则该时刻对应的下渗率 f_b 为:

$$f_b = f_c + (f_0 - f_c) e^{-K(t_a + dt)} \qquad (5-9)$$

已知降雨量 P 和蒸发量 E,令

$$PE = P - E \qquad (5-10)$$

（1）如果 $PE \geqslant f_a$，按照下渗能力计算下渗量，又称为完全下渗，则 t_a 到 t_b 时刻的土壤蓄水量 dW 和地下径流量 G 分别为：

$$dW = \int_{t_a}^{t_b} f_0 e^{-Kt} dt = -\frac{f_0}{K}(e^{-Kt_b} - e^{-Kt_a}) \tag{5-11}$$

$$G = \int_{t_a}^{t_b} f_c(1 - e^{-Kt}) dt = f_c(t_b - t_a) + \frac{f_c}{K}(e^{-Kt_b} - e^{-Kt_a}) \tag{5-12}$$

该时段内下渗量 I、产生的地表径流量 R 以及时段结束后的土壤含水量 W_1 分别为：

$$I = dW + G \tag{5-13}$$

$$R = PE \cdot dt - I \tag{5-14}$$

$$W_1 = W_0 + dW \tag{5-15}$$

（2）如果 $PE \leqslant f_b$，按照降水强度计算下渗量，称为不完全下渗，则下渗量 I 和产生的地表径流量 R 分别为：

$$I = PE \tag{5-16}$$

$$R = 0 \tag{5-17}$$

为了分水源，需要先计算充分供水情况下的蓄水量 dW' 和透水量 G'：

$$dW' = \int_{t_a}^{t_b} f_0 e^{-Kt} dt = -\frac{f_0}{K}(e^{-Kt_b} - e^{-Kt_a}) \tag{5-18}$$

$$G' = \int_{t_a}^{t_b} f_c(1 - e^{-Kt}) dt = f_c(t_b - t_a) + \frac{f_c}{K}(e^{-Kt_b} - e^{-Kt_a}) \tag{5-19}$$

则 t_a 到 t_b 时刻产生的地下径流量 G 以及时段结束后的土壤含水量 W_1 分别为：

$$dW = I \frac{dW'}{dW' + G'} \tag{5-20}$$

$$G = I - dW \tag{5-21}$$

$$W_1 = W_0 + dW \tag{5-22}$$

（3）如果 $f_a > PE > f_b$，只有部分时段产流。在产流的起始时刻，有：

$$PE = f_x = f_c + (f_0 - f_c)e^{-Kt_x} \tag{5-23}$$

求解得

$$t_x = -\frac{1}{K}\ln\left(\frac{PE - f_c}{f_0 - f_c}\right) \tag{5-24}$$

在 t_a 到 t_x 时刻下渗的水量为 $dW' + G'$，它们分别表示为：

$$dW' = \int_{t_a}^{t_x} f_0 e^{-Kt} dt = -\frac{f_0}{K}(e^{-Kt_x} - e^{-Kt_a}) \tag{5-25}$$

$$G' = \int_{t_a}^{t_x} f_c (1 - e^{-Kt}) \, dt = f_c(t_x - t_a) + \frac{f_c}{K}(e^{-Kt_x} - e^{-Kt_a}) \quad (5-26)$$

这些水,需要 PE 强度的降水,经过 $t_y - t_a$ 长的时间,才能实现,则有

$$t_y - t_a = \frac{dW' + G'}{PE} \quad (5-27)$$

① 在 $t_a \to t_y$ 时段,按照不完全下渗计算,下渗量 I 和产生的地表径流量 R 分别为:

$$I = PE \quad (5-28)$$

$$R = 0 \quad (5-29)$$

充分供水情况下的蓄水量 dW' 和透水量 G' 为:

$$dW' = \int_{t_a}^{t_y} f_0 e^{-Kt} \, dt = -\frac{f_0}{K}(e^{-Kt_y} - e^{-Kt_a}) \quad (5-30)$$

$$G' = \int_{t_a}^{t_y} f_c (1 - e^{-Kt}) \, dt = f_c(t_y - t_a) + \frac{f_c}{K}(e^{-Kt_y} - e^{-Kt_a}) \quad (5-31)$$

则 t_a 到 t_y 时刻产生的地下径流量 G 以及时段结束后的土壤含水量 W_1 分别为:

$$dW = I \frac{dW'}{dW' + G'} \quad (5-32)$$

$$G = I - dW \quad (5-33)$$

$$W_1 = W_0 + dW \quad (5-34)$$

② 在 $t_y \to t_b$ 时段,按照完全下渗计算,t_y 到 t_b 时刻的土壤蓄水量 dW 和地下径流量 G 分别为:

$$dW = \int_{t_y}^{t_b} f_0 e^{-Kt} \, dt = -\frac{f_0}{K}(e^{-Kt_b} - e^{-Kt_y}) \quad (5-35)$$

$$G = \int_{t_y}^{t_b} f_c (1 - e^{-Kt}) \, dt = f_c(t_b - t_y) + \frac{f_c}{K}(e^{-Kt_b} - e^{-Kt_y}) \quad (5-36)$$

该时段内下渗量 I,产生的地表径流量 R 以及时段结束后的土壤含水量 W_1 分别为:

$$I = dW + G \quad (5-37)$$

$$R = PE \cdot dt - I \quad (5-38)$$

$$W_1 = W_0 + dW \quad (5-39)$$

汇流计算采用滞后演算法,即

$$Q(t) = CS \times Q(t-1) + (1 - CS) \times TR(t - L) \quad (5-40)$$

式中，$Q(t)$ 为单元出口处 t 时刻的流量值；CS 为河网蓄水消退系数；$TR(t)$ 为 t 时刻河网总入流；L 为滞时。

整个产汇流模拟中，参数主要包括：初始下渗率 f_0（单位：mm/min）、稳定入渗率 f_c（单位：mm/min）、经验参数 K、滞时 L（单位：无，表示推迟的时段数）、河网蓄水消退系数 CS。

5.2　参数确定

在明确 Horton 模型参数物理意义的基础上，稳定下渗率 f_c 和霍顿方程系数 K 可根据已有的土壤资料来确定。当土壤含水量为饱和状态时，水力传导度最大，即饱和水力传导度；当土壤含水量达到田间持水量以上时，下渗容量达到稳定，为下渗容量最小值，即稳定下渗率 f_c[151]。二者具有相同的物理意义，因此稳定下渗率参数 f_c 直接由土壤饱和水力传导度来代替，单位是 cm/h。参数 K 和土壤水力特性滞后曲线坡度均为与扩散率有关的系数，因此参数 K 用土壤水力特性滞后曲线坡度来代替。因此，Horton 模型需率定的参数包括：初始下渗率 f_0、滞时 L 以及河网蓄水消退系数 CS。

5.2.1　参数率定方法

模型参数的率定及评价标准是模型应用中极其重要的部分，会直接影响模拟结果的精度。参数率定即先给定一组参数，根据已有的降雨资料，模拟出口断面的流量过程，并与实测值进行比较，通过不断调整参数值，寻求最佳参数，使计算和实测的流量过程更接近，误差更小。率定方法大致包括人工试错法、自动优化法以及自动优选和人工试错相互结合的方法。

由于 Horton 模型的参数较少，本书采取人工试错和自动优选相互结合的方法。先给定需率定参数的取值范围，然后利用随机数字生成器在参数空间中随机取样，根据设定的目标函数和终止准则，寻找较优点，并通过逐步缩小参数范围以及人工调试，使目标函数达到最优。

模型误差的评价标准采用确定性系数 DC、洪水总量误差 $BiasP$ 以及洪峰流量误差 $peakE$。

确定性系数 DC 又称反映径流过程吻合程度的模型效率系数,它是纳什(Nash)等[152]在 1970 年提出的,用以评估模型的模拟结果精度,计算公式如下:

$$DC = \frac{\sum (Q_{i,0} - \overline{Q}_0)^2 - \sum (Q_{i,c} - \overline{Q}_{i,0})^2}{\sum (Q_{i,0} - \overline{Q}_0)^2} \tag{5-41}$$

式中,$Q_{i,0}$ 和 $Q_{i,c}$ 分别表示第 i 时段的实测径流量和模拟径流量;$\overline{Q}_0$ 则表示实测径流量的均值。确定性系数越接近于 1,说明模拟值和实测值拟合得越好。

洪水总量误差 $BiasP$ 是反映总量精度的径流相对误差,计算公式如下:

$$BiasP = \frac{\overline{Q}_0 - \overline{Q}_c}{\overline{Q}_0} \tag{5-42}$$

式中,$\overline{Q}_c$ 为模拟次洪径流量的均值,总量误差越接近于 0 越好。

洪峰流量误差 $peakE$ 的计算公式表示为:

$$peakE = \frac{Q_{0m} - Q_{cm}}{Q_{0m}} \tag{5-43}$$

式中,Q_{0m} 和 Q_{cm} 分别表示实测和模拟的洪峰流量。

5.2.2 模型参数确定

研究区域会宁站的土壤类型可划为 3 类,根据主要土壤类型水力学参数对照表(表 5-1)得出 f_c 的取值为 5.24 cm/h,单位转化为 mm/min 后,取值为 0.87;K 的取值为 4.84。

表 5-1 主要土壤类型水力学参数对照

美国农业部类别	土壤类型	砂土/%	黏土/%	田间持水量/(cm³·cm⁻³)	凋萎含水量/(cm³·cm⁻³)	饱和水力传导度/(cm·h⁻¹)	滞后曲线坡度
1	砂土	94.83	2.27	0.08	0.03	38.41	4.1
2	壤质砂土	85.23	6.53	0.15	0.06	10.87	3.99
3	砂质壤土	69.28	12.48	0.21	0.09	5.24	4.84

表 5-1(续)

美国农业部类别	土壤类型	砂土/%	黏土/%	田间持水量/(cm³·cm⁻³)	凋萎含水量/(cm³·cm⁻³)	饱和水力传导度/(cm·h⁻¹)	滞后曲线坡度
4	粉质壤土	19.28	17.11	0.32	0.12	3.96	3.79
5	粉质土	4.5	8.3	0.28	0.08	8.59	3.05
6	壤土	41	20.69	0.29	0.14	1.97	5.3
7	砂质黏壤土	60.97	26.33	0.27	0.17	2.4	8.66
8	粉质黏壤土	9.04	33.05	0.36	0.21	4.57	7.48
9	黏壤土	30.08	33.46	0.34	0.21	1.77	8.02
10	砂质黏土	50.32	39.3	0.31	0.23	1.19	13
11	粉质黏土	8.18	44.58	0.37	0.25	2.95	9.76
12	黏土	24.71	52.46	0.36	0.27	3.18	12.28

滞时是表征流域汇流特征的主要参数。经研究表明,同一个站不同场次洪的滞时不同,其与降雨强度有关,主要是因为不同的雨强会造成不同的产流过程,从而造成汇流速度的差异。赖佩英等[153]的研究也表明雨强是造成流域汇流非线性的一个重要外部因子。率定的 5 场次洪降雨强度与滞时的关系,见表 5-2 和图 5-1。随着雨强的增大,滞时逐渐减小,它们之间呈指数关系,可用 $y = 32.565\mathrm{e}^{-88.82x}$ 表示,其中 x 表示降雨强度,y 表示滞时。

表 5-2　会宁站雨强与滞时的关系

次洪	降雨强度/(mm·min⁻¹)	滞时 L
20000623	0.009 7	14
20000624	0.010 1	13
20000807	0.014 5	9
20010701	0.019 7	6
20010818	0.027 4	3

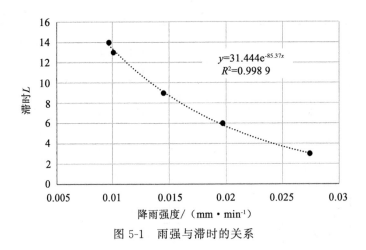

图 5-1　雨强与滞时的关系

参数 f_0 和 CS 的率定结果见表 5-3。

表 5-3　参数率定情况

参数名称	物理意义	优选值
f_0	初始下渗容量(mm/min)	108.7
CS	河网蓄水消退系数	0.9

5.2.3　模拟结果分析

根据挑选出的会宁站 7 场次洪资料,随机选择 5 场洪水用于参数的率定,其余 2 场用于参数的验证,率定期的结果统计见表 5-4。统计结果表明:20010701 次洪的确定性系数最小,只有 0.571,说明该场次洪模拟与实测的径流过程吻合程度最差,只能达到丙级标准,仅能用来参考性预报;其他 4 场次洪的确定性系数都超过了 0.7,属于乙级标准,可用来发布正式的预报。

从计算的洪水总量误差来看,率定的 5 场次洪中,有 4 场洪水误差均小于 20%,在误差允许范围内。根据模拟结果中洪峰流量误差小于±20%且峰现时刻误差小于±3.0 h 评定为合格,得出只有 20010701 次洪模拟不合格,主要是由于水文模型对水文过程进行了概化,与原型还是存在一定的差别;输入的降雨径流资料,在收集和处理的过程中,也会存在一定的误差;在参数的率定中,是以目标函数达到最优为前提的,率定出的参数或许并不是最优参数,但都会给模拟结果带来不确定性。

表 5-4　率定期次洪模拟结果精度统计表

洪号	实测洪峰/(m³·s⁻¹)	模拟洪峰/(m³·s⁻¹)	DC	$BiasP/\%$	$peakE/\%$	$peakT/h$
20000623	17.1	15.6	0.744	−9.47	8.7	−1.5
20000624	17.1	15.6	0.712	−10.74	8.7	−1.75
20000807	35.2	31.1	0.741	−10.35	11.6	+0.5
20010701	85.0	61.7	0.571	28.98	27.4	+0.25
20010818	7.2	6.6	0.813	3.20	8.3	+3

注:DC 表示确定性系数;$BiasP$ 表示洪水总量误差;$peakE$ 表示洪峰流量误差;$peakT$ 表示峰现时刻误差。"−"代表提前,"+"代表推后。

将用于验证的 2 场次洪降雨强度代入 $y=32.565e^{-88.82x}$ 中计算滞时,结果见表 5-5。

表 5-5　验证期滞时计算

洪号	降雨强度/(mm·min⁻¹)	计算滞时 L
20020804	0.0120	11
20100807	0.0239	4

根据确定的参数模拟 20020804 和 20100807 两场次洪,结果见表 5-6 和图 5-2。由图可见:20020804 次洪模拟的涨水过程与实测情况有所差异,但退水过程很吻合。由表 5-6 可知,该场洪水的确定性系数为 0.572,属于丙级标准,且因涨水过程的模拟误差,导致该场次洪的洪水总量误差略大于 20%,但洪峰流量误差小于±20%且峰现时刻误差小于±3.0 h,总体合格;20100807 次洪模拟结果很好,模拟与实测的洪水过程基本吻合,确定性系数达到了 0.953,超过 0.9,属于甲级标准,洪峰出现的时刻与实际情况相符合,洪水总量误差与洪峰流量误差都远小于±20%,说明模型参数的率定确实合理,能来进行水文预报。

由两场洪水的验证结果来看,峰现时刻误差均在 0 附近,说明根据推求的指数函数计算的滞时合理,能为汇流参数的确定提供一定的参考。

表 5-6　验证期次洪模拟结果精度统计表

洪号	实测洪峰 /(m³·s⁻¹)	模拟洪峰 /(m³·s⁻¹)	DC	BiasP/%	peakE/%	peakT/h
20020804	75.7	75.2	0.572	25.90	0.7	−0.25
20100807	84.6	85.4	0.953	−6.61	−0.9	0

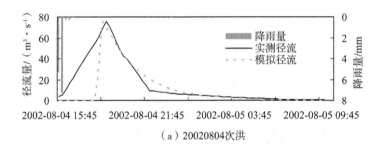

（a）20020804次洪

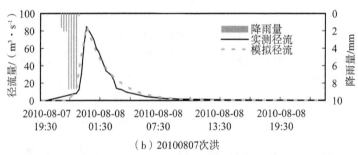

（b）20100807次洪

图 5-2　验证期次洪模拟结果

5.3　基于相似流域的产流参数移用

流域产汇流过程由流域的地形、地势、气候条件、土壤类型等因素共同决定。相似流域划分的关键在于提取出能反映流域产汇流过程的指标因子。需根据相似流域划分的不同目的，选择相应的指标。原则上应选择灵敏、相对独立，且与相似流域划分目的具有一定成因相关性的因子。为了使相似流域的划分计算简便，并不是选择的指标越多越好，应该根据影响程度由高到低进行选取,使得指标个数的选择合理且能保证信息量。

5.3.1 流域特性指标提取

根据 DEM 数据和下垫面等资料提取出甘肃省 18 个流域的特征指标,其中土壤类型主要考虑黏土和砂土所占的比例,结果见表 5-7。

表 5-7 各流域的特征指标

站名	出流路径长度/km	平均高程/m	宽度/km	流域面积/km²	平均坡度	中心经度	中心纬度	黏土/%	砂土/%
静宁	53.9	1 991.2	82	2 854	0.054	105.8	35.8	19.2	62.6
华亭	20.1	1 868.4	18	276	0.098	106.5	35.2	18.4	65.3
开边	73.6	1 702.3	72	2 232	0.054	106.6	36.0	20.6	60.8
平凉	34.0	2 018.0	59	1 305	0.096	106.4	35.5	23.1	58.9
安口	31.6	1 757.1	44	1 133	0.071	106.6	35.3	23.2	59.6
蔡家庙	15.7	1 343.0	23	270	0.051	107.6	36.0	14.6	72.6
夏河	37.6	3 564.6	55	1 692	0.088	102.3	35.1	24.0	57.0
冶力关	32.7	3 288.5	40	1 186	0.099	103.4	35.0	23.1	56.6
何家坡	11.2	2 208.6	19	100	0.096	105.0	35.3	14.7	72.0
渭源	13.7	2 438.9	27	114	0.078	104.1	35.1	16.8	72.7
康乐	24.5	2 447.1	33	330	0.080	103.5	35.3	24.9	47.2
礼县	44.3	1 883.1	79	3 184	0.076	105.3	34.3	29.9	50.1
徽县	10.8	1 159.1	25	100	0.120	106.0	33.9	30.2	50.2
尧甸	14.4	2 328.8	35	272	0.092	104.1	35.2	15.2	72.0
下巴沟	47.7	3 343.3	52	1 695	0.082	102.7	34.8	24.3	54.5
宁县	39.1	1 285.8	29	632	0.072	108.3	35.5	15.0	73.0
会宁	27.9	1 986.3	50	1 041	0.065	105.1	35.6	14.5	72.0
灵台	29.2	1 290.3	51	1 500	0.058	107.2	35.0	15.0	73.0

5.3.2　相似流域划分

基于提取的流域特征指标,采用模糊传递闭包法划分相似流域,其动态聚类图如图 5-3 所示。

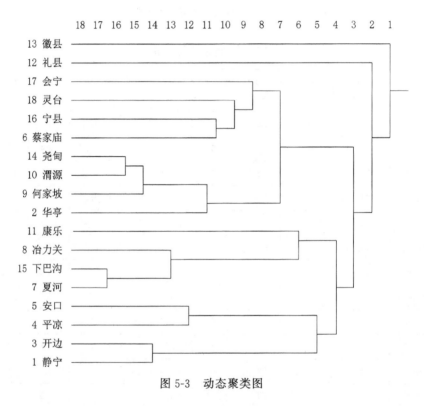

图 5-3　动态聚类图

由图可见:如果将 18 个站划分为 5 类,则对应的 $\lambda=0.899$。具体分类情况为:{1、3、4、5}、{7、15、8、11}、{2、9、10、14、6、16、18、17}、{12}、{13}。

根据划分的相似流域,可把有资料地区的产流参数移用到无资料地区,并用霍顿模型进行验证,检验参数的移用效果。

5.3.3　产流参数移用

此处以子流域 16 为例进行参数移用分析。由前文可知,与 16 表示的宁县站九龙河流域为相似流域的有 2、9、10、14、6、18、17,它们分别为华亭、何家坡、渭源、尧甸、蔡家庙、灵台和会宁。由图 5-3 的动态聚类图,选择与宁县站较近的会宁站作为其相似流域,将其参数 f_0 移用到宁县站。由于宁县站与会宁站均属于 3 类土壤,且属于相似流域,因此参数 f_c 和 K 也直接移用会宁站的结果,移用情况见表 5-8。

表 5-8　宁县站参数移用结果

参数名称	物理意义	参数值
f_0	初始下渗容量(mm/min)	108.7
f_c	稳定入渗率(mm/min)	0.87
K	经验参数	4.84

5.4　基于 Nash 瞬时单位线的汇流参数确定

姚成[154]等通过对无资料地区的水文模拟进行研究,认为产流参数移植精度比较高,但由于汇流参数受流域地貌特征的调蓄作用比较大,如果直接移用,精度相对比较低。因此对无资料地区汇流参数的确定,需充分考虑其地貌特征,通过研究水文过程与地貌过程的成因联系,以构建两者之间的定量关系,并根据地形地貌特征参数推求出水文过程特征参数。

克拉克(Clark)于 1945 年提出了瞬时单位线概念,并将其运用到相应的水文设计中。后来通过纳什(Nash)、乔(Chow)以及道格(Dooge)等的不断发展和完善,已经形成了完整的汇流理论。芮孝芳等[155]指出瞬时单位线即流域上强度接近无穷大、历时接近 0、总量等于 1 个单位且分布均匀的地面净雨在出口断面所构成的地面径流过程线。Nash 瞬时单位线因结构简单且包含的参数较少,得到了广泛的应用[156-157]。纳什(Nash)于 1960 年把 Nash 瞬时单位线用到缺资料流域,并利用已有的资料,研究地貌与参数之间的关系,建立起了检验公式[158],其研究思路是基于经验公式推导出单位线。

5.4.1 Nash 瞬时单位线基本原理

Nash 模型属于概念性流域汇流模型。1957 年,纳什(Nash)提出一个假设,认为流域对地面净雨的调蓄作用,能由 n 个串联线性水库的调节作用来表示,由此得到 Nash 瞬时单位线的表达式为:

$$u(t) = \frac{1}{C(n-1)!}\left(\frac{t}{C}\right)^{n-1} e^{\frac{-t}{C}} \tag{5-44}$$

式中,$u(t)$ 表示瞬时单位线纵坐标,T^{-1};t 表示时间,T;C 表示线性水库蓄量常数,因次为 T;n 表示线性水库个数,无因次。

流域汇流可描述为地面对净雨的再分配过程,这种再分配机理主要为两种扩散作用:水动力扩散作用和地貌扩散作用[159]。前者是由流速空间分布的不均匀所引起的,这种不均匀主要体现为流速沿着水流方向分布不均匀;后者指净雨质点的分布位置给流域汇流带来的影响,它与流域水系形态、流域面积等有关。Nash 模型中的参数 n 和 C 均反映了净雨转变为流域出口断面流量过程时所受的调节程度。其中,n 与流域的空间因素有关,只受地貌扩散作用的影响;C 只与流域的水动力因素有关。Nash 模型应用的重要问题之一就是如何确定参数 n 和 C。在实际应用中,n 的取值可以不是整数,n、C 对瞬时单位线形状的影响类似,如果 n、C 减小,则瞬时单位线的峰现时间提前,峰值变高;但如果 n、C 变大,则瞬时单位线的峰现时间推后,峰值降低。

5.4.2 单位线参数 n 和 C 的确定

Nash 汇流模型常用的参数确定方法包括:最优化法、矩法、熵法等[160-161]。但它们大多依赖实测的降雨径流资料,这对无/缺资料地区而言,其应用将会受到极大限制。因此如何利用地形地貌特征参数得出 Nash 汇流模型的参数 n 和 C,以此降低对水文资料的依赖,具有重要的意义。

罗得里古兹·依得布等人[130]探索地貌瞬时单位线特性时,根据回归分析得出其峰现时间与峰值可分别表示为:

$$t_p = 1.584\left(\frac{R_B}{R_A}\right)^{0.55} R_L^{-0.38} V^{-1} L \tag{5-45}$$

$$h_p = 0.364 R_L^{0.43} V L^{-1} \tag{5-46}$$

式中,t_p、h_p 分别为地貌瞬时单位线的峰现时间与峰值;V 为流域平均流速;

L 为流域中最高级别的河流长度；R_B、R_A、R_L 分别表示水系分岔比、面积比、河长比，可分别根据霍顿(Horton)河数定律、面积定律以及河长定律求出，统称为霍顿地貌参数。

河数定律：令水系中 ω 级河流的数目为 N_ω 条，$\omega = 1, 2, \cdots, \Omega$，$\Omega$ 表示水系中最高级的河流的级数，此处的一条河流指的是一条外链或者通过同级内链串联构成的河流。对于二分叉树的水系，N_ω 会随着 ω 的增多而变小，并且水系中最高级河流的数目总为 1，即 $N_\Omega = 1$。水系中的 ω 级河流数目 N_ω 和高一级 $(\omega+1)$ 级河流数目 $N_{\omega+1}$ 的比值叫作分岔比，可用 R_B 表示，即

$$R_B = \frac{N_\omega}{N_{\omega+1}}, \omega = 1, 2, \cdots, \Omega - 1 \tag{5-47}$$

面积定律：ω 级河流的平均流域面积 $\overline{A}_\omega$ 和低一级 $(\omega-1)$ 河流的平均流域面积 $\overline{A}_{\omega-1}$ 的比值叫作面积比，可用 R_A 表示，即

$$R_A = \frac{\overline{A}_\omega}{\overline{A}_{\omega-1}}, \omega = 2, 3, \cdots, \Omega \tag{5-48}$$

河长定律：水系中 ω 级河流的平均长度 $\overline{L}_\omega$ 和低一级 $(\omega-1)$ 级河流的平均长度 $\overline{L}_{\omega-1}$ 的比值叫作河长比，可用 R_L 表示，即

$$R_L = \frac{\overline{L}_\omega}{\overline{L}_{\omega-1}}, \omega = 2, 3, \cdots, \Omega \tag{5-49}$$

将式(5-45)和式(5-46)相乘，可得出：

$$H = t_p h_p = 0.58 \left(\frac{R_B}{R_A}\right)^{0.55} R_L^{0.05} \tag{5-50}$$

对于 Nash 模型，根据式(5-44)可导出其瞬时单位线的峰现时间 t_p 和峰值 u_p 分别为：

$$t_p = (n-1)C \tag{5-51}$$

$$t_p = \frac{(n-1)^{n-1}}{C(n-1)!} e^{1-n} \tag{5-52}$$

将式(5-51)和式(5-52)相乘，可得出：

$$U = t_p u_p = \frac{(n-1)^n e^{1-n}}{(n-1)!} \tag{5-53}$$

在理论上，由线性水库串、并联所形成的概念性流域汇流模型与等待时间概率密度函数是用指数函数来表示的地貌瞬时单位线，它们是基本等同的[162]。即可假定它们的峰现时间和峰值的乘积相同，$H = U$。由式(5-50)和

式(5-53)可得出：

$$\frac{(n-1)^n \mathrm{e}^{1-n}}{(n-1)!}=0.58\left(\frac{R_B}{R_A}\right)^{0.55}R_L^{0.05} \tag{5-54}$$

由式(5-54)可看出：n 只与霍顿地貌参数 R_B、R_A 和 R_L 有关，表明它是主要反映流域水系分布特点、流域面积以及形状等对流域汇流产生影响的参数。根据大量基于实际资料的计算和国外有关河系随机结构理论研究，R_B、R_A 和 R_L 的取值范围分别是 $3\sim5$、$3\sim6$ 与 $1.5\sim3.5$，从而推出 n 的取值范围是 $3\sim3.5$。辛格(Singh)[163]于 1977 年通过对很多已有的资料进行分析，也得出了不管流域的面积是多少，n 近似等于 3 的结论。

根据 DEM 所提取出的数字水系，可计算各个级别河流的数目、平均长度以及平均面积，从而确定 Horton 分岔比，河长比和面积比，结果见表 5-9。

表 5-9　宁县站霍顿地貌参数计算表

站名	级别	各级河流数目	平均河长/km	平均面积/km²	R_B	R_L	R_A
宁县	1	11	5.3	4.3			
	2	2	14.4	14.5	3.75	2.72	3.07
	3	1	39.1	40.0			

由式(5-54)和表 5-9 的计算结果，采用试算法，可近似求出宁县站 n 的取值为 3.19。

Nash 模型中的参数 C 反映了水动力扩散作用对流域汇流的影响，其计算公式如下：

$$C=\frac{\alpha L_\Omega}{n\,(1-\lambda_{\Omega-1}^{1-m\lambda_{\Omega-1}})}V_\Omega^{-1} \tag{5-55}$$

$$\lambda_i=\frac{\sum\limits_{j=1}^{i}R_L^{j-\Omega}}{\sum\limits_{j=1}^{\Omega}R_L^{j-\Omega}},i=1,2,\cdots,\Omega-1,\Omega \tag{5-56}$$

式中，α 表示流域形心至流域出口断面的距离与流域长度的比值，而根据格拉格(Grag)对许多小流域进行分析得出的结论，流域长度可由流域面积计算 $L_b=1.4A^{0.568}$（L_b 为流域长度，km；A 为流域面积，km²）；Ω 表示流域斯特拉勒(Strahler)级别，也就是最高级河流级别；$\lambda_{\Omega-1}$ 表示河源至 $\Omega-1$ 级河流末端处的 λ 值；L_Ω 表示最高级别河流长度，km；m 为表现河道纵剖面特性的参数,其范围大多在 $1\sim1.2$;V_Ω 表示流域出口断面流速,$\mathrm{m^3/s}$。

推算参数 C 的关键在于如何确定流域出口断面流速,它一般可通过出口断面洪水线的涨洪段平均流速来给出。但在完全无水文资料地区,可考虑根据经验流速公式来计算流速。1982 年,Bras 等从运动波理论出发,依据 Eagleson 的思路,推出 Eagleson-Bras 流速公式[164],如下所示:

$$V=0.665\alpha_\Omega^{0.6}(i_rA_\Omega)^{0.4} \tag{5-57}$$

$$\alpha_\Omega=S_0^{0.5}/n_1/B^{\frac{2}{3}} \tag{5-58}$$

式中,S_0 表示河道坡降,以小数计;n_1 表示曼宁糙率系数;B 表示河宽,m;i_r 表示净雨强度,cm/h;A_Ω 表示流域面积,$\mathrm{km^2}$。

该流速计算公式的重点在于确定流域的平均糙率和河道平均,其对流域进行了一定的概化。研究表明,曼宁糙率系数一般取 0.025,并且对结果影响较小。该公式考虑了净雨强度的变化以及几个关键地理因子对流速的影响,比较符合实际情况。

将宁县站的相关特征参数(见表 5-10)以及各场次洪的平均净雨强度代入公式(5-57)计算出流速因子;并将确定的 $\alpha=0.72$、$L_\Omega=39.1$、$B=106$ 和 $m=1$ 代入公式(5-55)计算出蓄量常数 C,选取的 5 场次洪的计算结果见表 5-11。

表 5-10　宁县站九龙河流域特征值

站名	出流路径长度 /km	平均高程 /m	宽度 /km	流域面积 /km²	平均坡度	中心经度	中心纬度
宁县	39.1	1 285.8	29	632	0.072	108.3	35.5

表 5-11　宁县站各场次洪的流速计算表

次洪	净雨强度/(cm·h⁻¹)	流速/(m·s⁻¹)	C/h
20080713	0.33	3.61	4.70
20080719	0.45	4.09	4.15
20090716	0.12	2.41	7.05
20100809	1.85	7.22	2.35
20100903	2.92	8.66	1.96

5.4.3　无资料地区汇流参数确定

由于条件限制,获取的水文观测数据都是时段数据,而非连续数据。如果要进行汇流计算,需将瞬时单位线变成时段单位线方能应用。时段单位线的变换通常选取 S 曲线法。流域 S 曲线定义为:流域上分布均匀,且一直维持 1 个单位强度的净雨所形成的流域出口断面流量过程。按此定义,S 曲线可写为:

$$S(t) = \int_0^t u(0,t)\, \mathrm{d}t = \int_0^t \frac{1}{C(n-1)!}\left(\frac{t}{C}\right)^{n-1} \mathrm{e}^{\frac{-t}{C}}\, \mathrm{d}t \qquad (5\text{-}59)$$

已知 n 和 C,可根据上式,求出 S 曲线。再经转换,便可得出任意时段长度的单位线。

研究中的汇流计算选取滞后演算法,它包含 2 个参数:河网蓄水消退系数 CS 和滞时 L。对于有资料地区河网蓄水消退系数 CS 的确定,是先确定其取值范围,最终根据模型输出结果的精度来调整其值;滞时 L 则通过已有的水文资料进行率定,得出其与降雨强度的关系。但在无/缺资料地区,需要为参数的确定寻求新的途径。鉴于此,本书在充分理解滞后演算法和 Nash 瞬时单位线法参数物理意义的基础上,根据获取的地形地貌参数推求出 Nash 瞬时单位线参数 n、C,利用乘积 nC 代替滞后演算法中的滞时 L,相关的理论依据如下。

滞后演算法和 Nash 瞬时单位线法都是用线性水库来模拟流域汇流的调蓄作用,其差别在于如何去运用线性水库。前者用一线性水库的调蓄作用和一滞后过程来表示流域的汇流过程;后者用 n 个线性水库的调蓄作用去模拟流域的汇流,因此所得的结果可能很接近[165]。

对公式(5-44)采用卷积公式可得出流域的出口断面流量过程 $Q(t)$,计算公式为:

$$Q(t) = \int_0^t \frac{1}{C(n-1)!}\left(\frac{\tau}{C}\right)^{n-1} \mathrm{e}^{\frac{-\tau}{C}} h(t-\tau)\, \mathrm{d}\tau \qquad (5\text{-}60)$$

式中,$h(t)$ 表示流域的面平均净雨过程;其余符号的意义同前。

由此可导出:

$$M_1(Q) - M_1(h) = nC \qquad (5\text{-}61)$$

式中,$M_1(Q)$ 和 $M_1(h)$ 分别表示出流过程与净雨过程的一阶原点矩。

由瞬时单位线定义可知,流量过程和净雨过程一阶原点矩的差表示瞬时单位线一阶原点矩,即流域的平均汇流时间。由公式(5-61)可知:流域的平均汇流时间等于 nC,相当于流域滞时。因此,滞后演算法中的滞时 L 可用 nC 表示。

线性水库是指水库的蓄水量和出流量间的关系为线性函数。由众多资料分析表明:流域地下水的储水结构近似为一个线性水库,其中下渗净雨量表示它的入流量,通过地下水库的调节之后,得出地下径流出流量。地下水线性水库满足水量平衡方程和蓄泄方程,计算公式分别为:

$$\bar{I}_g - \frac{Q_{g1}+Q_{g2}}{2} = \frac{W_{g2}-W_{g1}}{\Delta t} \tag{5-62}$$

$$W_g = K_g Q_g \tag{5-63}$$

式中,$\bar{I}_g$ 表示地下水库的时段平均入流量,m³/s;Q_{g1}、Q_{g2} 分别为时段初、末地下径流的出流量,m³/s;W_{g1}、W_{g2} 分别表示时段初、末地下水库的蓄水量,m³;K_g 表示地下水库蓄量常数,s;Δt 表示计算时段,s。

将公式(5-62)和公式(5-63)联立求解,可得:

$$Q_{g2} = \frac{\Delta t}{K_g+0.5\Delta t}\bar{I}_g + \frac{K_g-0.5\Delta t}{K_g+0.5\Delta t}Q_{g1} \tag{5-64}$$

为了方便计算,公式(5-64)中的 K_g 和 Δt 可按 h 计。

令 $KKG = \dfrac{K_g-0.5\Delta t}{K_g+0.5\Delta t}$,则 $\dfrac{\Delta t}{K_g+0.5\Delta t} = 1-KKG$,公式(5-64)可改为:

$$Q_{g2} = (1-KKG)\times\bar{I}_g + KKG\times Q_{g1} \tag{5-65}$$

由于 Nash 瞬时单位线中的参数 C 表示线性水库的蓄量常数,其与线性水库演算法中的地下水库蓄量常数 K_g 具有相同的物理意义,因而可以相互取代。由滞后演算法的计算公式(5-40)和公式(5-65)相互比较,可看出其表示的意义相同,KKG 等于 CS,将 C 代入中,从而确定出河网蓄水消退系数 CS。

同样以 16 号流域(宁县站九龙河流域)为例,可得出滞时 L 和 CS 的计算结果,见表 5-12。其中,$\Delta t = 0.25$ h,CS 取其平均值 0.93,由于次洪时间间隔为 15 min,需将计算出的滞时 L 乘以 4,代入模型计算,表明推迟的时段数。

表 5-12　滞时 L 和 CS 计算结果

次洪	n	C/h	滞时 L/h	CS
20080713		4.70	15	0.95
20080719		4.15	13.25	0.94
20090716	3.19	7.05	22.5	0.97
20100809		2.35	7.5	0.90
20100903		1.96	6.25	0.88
平均值		0.93		

第 6 章　无资料地区参数移用
方法及其比较

　　水文模型是研究流域内复杂水文现象的重要工具,常被广泛应用到无资料地区的研究中,其中参数确定是构建水文模型最重要的一步。目前,常用的无资料地区模型参数确定方法包括参数估计、参数移植以及参数区域回归方法等,其中参数移植法在实际预报工作中的应用日趋广泛。但是由于各种水文要素及参数的空间分布不均匀性,在无资料地区直接进行参数移植的预报精度不高,是无资料地区水文模拟急需要解决的问题。地理信息系统及分布式水文模型的发展,为这个问题的解决提供了有效的手段。

　　无资料流域无径流资料率定模型参数,只能通过有资料区的参数值或者无资料区的自然属性信息来估计。目前无径流资料流域水文预报的常用方法为区域化方法,将有资料地区的信息向无资料地区转移,或者由小尺度的模型参数获取较大尺度的模型参数正是参数区域化所要研究的问题。参数区域化的目的是对任一栅格、子流域或者大区域上的水文模型,无须通过率定或者手动调整就能够获得模型参数值。

　　区域化方法主要包括空间相近法、属性相似法和回归法。空间相近法是指找出与研究流域(无资料流域)距离上相近的一个(或者多个)流域(有资料流域),并把其参数作为研究流域的参数。其研究根据为同一区域的物理和气候属性相对一致,因此相邻流域的水文行为相似。属性相似法是指找出与研究流域属性上相似的一个(或者多个)流域,并把其参数作为研究流域的参数。回归法是指利用有资料流域的模型参数和流域属性,建立二者之间的回归方程,从而利用无资料流域的流域属性推求模型参数。距离相近法和属性相似法都是通过选取相似的流域,然后移用其参数到无资料流域,不同的是距离相近法选取距离上相近的流域,而属性相似法选取属性上相似的流域。

　　专家、学者对无资料地区水文模拟开展了大量工作。如横尾(Yokoo)[20]等利用 Arcgis 提取流域的土壤类型、土地利用、地形、地质等流域特征属性值,与 Tank 模型的参数建立了多元线性回归方程;梅尔茨(Merz)等[9]基于HBV 模型对奥地利 308 个流域进行属性相似法参数移植评定,发现利用流域坡度、干旱指数以及森林覆盖率这三种属性进行相似分析后进行参数移植效果最好;邱(Chiew)等[166]将流域多年平均降雨、森林覆盖率、坡度、干旱指数、土壤有效持水能力以及土壤透射率6个特征值与SIMHYD模型的五个参数建立了多元线性回归方程;杨(Young)[11]基于PDM模型,对英国260个流域分别采用距离相近法与参数回归法,对其中的缺资料地区进行了参数确定;张(Zhang)和邱(Chiew)[24]将区域化方法中的距离相近与属性相似结合起来,将其中的空间距离作为单独属性与其他属性一起进行相似分析,在一定程度上提高了模拟精度;孔凡哲[27]等以地形指数作为水文相似性指数,选取具有相同地形指数频率分布的流域进行TOPMODEL模型参数移植;李偲松[32]等采用主成分分析法对53个水库流域进行聚类研究,找出相似流域,并在此基础上实现无资料地区的参数移植;姚成[33]等基于新安江模型,在位于皖南山区的嵌套式屯溪流域开展无资料地区水文模拟研究,结果表明在地形指数分布曲线相似的条件下移植产流参数效果较好;井立阳等[28]在三峡区间6个小流域上建立了新安江模型参数和下垫面地形、地质、植被等特征值之间的相关关系,并将相关关系移用于三峡无资料地区;周研来等[167]利用VIC水文模型(Variable Infiltration Capacity Macroscale Hydrologic Model),采用多元回归方法建立了参数移用公式来推求无资料地区的水文模型参数;柴晓玲等[168]研究了IHACRES模型在无资料地区径流模拟中的应用。

在众多水文模型中,TOPMODEL(Topography based hydrological MODEL)、SCS(Soil Conservation Service)等模型由于其设计、结构和参数等与遥感数据有关,理论上更容易应用到无资料地区,而得到了更为广泛的应用和研究。本书亦采用SCS模型,以贵州省中小流域为例,进行无资料地区参数移用方法的研究。

研究中,人为拟定十二个有资料站点中的龙里站和向阳站为假定的无资料地区,分别通过距离相近、属性相似以及参数回归法来确定无资料流域的参数值,以期寻找合适的无资料地区参数确定方法。

6.1 流域水文模型构建

在前文(4.4.1)流域相似性分析中,已对SCS模型原理进行了简单介绍,此处不再赘述,仅对本章涉及的一些改进和不同处理方法进行简单描述。

6.1.1　产流部分改进

关于 SCS 模型产流部分的改进,国内外已有不少研究。参数跨地区移用存在误差的根本原因在于下垫面条件以及水文气象条件的变化,在 SCS 模型中 CN 值和降雨初损 I_a 能够表现这些影响因素。其中 CN 值体现了下垫面的产流条件,初损 I_a 则体现了下垫面的产流速度。对于 CN 值的改进,模型中针对各地区的特点和不同的植被覆盖情况和土壤类型重新率定 CN 值。对于初损 I_a 的改进,模型中引入初损比例 m,将 $I_a=0.2S$ 修改为 $I_a=mS$,m 随着不同的自然地理情况和水文条件而变化,通过参数率定确定其值。

那么,径流量的计算公式就变为:

$$R=\frac{(P-mS)^2}{P+(1-m)S} \tag{6-1}$$

原始的 SCS 模型产流计算方程中不包含时间因素,不能考虑降雨历时或强度的作用,计算所得的径流为一场降雨的径流总量。本书按照李丽等[169] 的研究成果采用逐时段递推的方法,计算出逐时段的产流量:

$$W_t=\text{SCS}\left(\sum_{i=0}^{t}P_i\right) \tag{6-2}$$

$$W_{t+1}=\text{SCS}\left(\sum_{i=0}^{t+1}P_i\right) \tag{6-3}$$

$$R_{t+1}=W_{t+1}-W_t \tag{6-4}$$

式中,W 表示时段的累计洪水总量,mm;P_i 是时段降水量,mm;R 是时段产流量,mm;SCS 是降雨径流计算模型。

除此之外,在 SCS 模型中借鉴新安江模型的部分结构,引入稳定下渗率 f_c 来进行水源的划分,将径流过程划分为地面径流和地下径流两部分。同时在水量平衡方程中加入蒸散发的计算,蒸散发的取值为多年平均蒸散发量。并且通过蒸散发系数 K_e 调节总的水量平衡误差。上文中水量平衡方程中的 P 变为 $P-EK_e$。

6.1.2　汇流部分改进

SCS 原始模型中采用无因次单位线法计算径流输出过程,其单位线根据经验公式确定。而本书研究的小流域较多,并且存在较多新建无资料站点,原来的经验方法不能满足要求,故舍弃原有汇流结构采用滞后演算法。

一个单元流域某种水源的水量平衡方程为：

$$I - Q = \frac{dW}{dt} \tag{6-5}$$

式中，I、Q 为单元流域该种水源的入流、出流量，m^3/s；W 为单元流域内的蓄量，m^3。

假定该水源的槽蓄方程是线性的：

$$W = kQ \tag{6-6}$$

对上面两式进行差分求解，时段长为 Δt，在 $i-1,i$ 两个时刻进行差分，假定 k 是常数，并引入滞时 T，通过推导有：

$$Q_i = C_s Q_{i-1} + (1 - C_s)\left[\frac{I(i-1-T) + I(i-T)}{2}\right] \tag{6-7}$$

式中，k 为线性的蓄泄系数，h；C_s 为线性水库的消退系数。

为了和 SCS 模型的二水源相匹配，研究中使用了两层上述汇流结构，对应的 C 系数由实测资料率定，$C_{地面} > C_{地下}$。

6.1.3　参数确定

CN 值是 SCS 模型中重要的无量纲参数，反映了流域下垫面单元的不同产流能力，其影响因子主要包括土壤、植被和前期土湿。SCS 模型中根据土壤质地将土壤分为 A、B、C、D 四种类型，并给出了前期湿润条件平均情况下，不同土地利用状况在不同土壤分组的 CN 参考值。具体可见相关参考文献，如水文学手册[170]。

根据前 5 天的降水总量可将土壤湿润程度划分为干旱（AMC Ⅰ）、平均（AMC Ⅱ）、湿润（AMC Ⅲ）3 种状态，且不同湿润状况的 CN 值有相互转换关系。一般来说，降雨量一定的前提下，CN 值越小，下渗能力越大，产流能力越小，反之亦然。具体划分标准见表 6-1。

表 6-1　前期土壤湿润程度划分

前期土壤湿润程度等级 （AMC 等级）	前 5 天总雨量/mm	
	休眠季节	生长季节
AMC Ⅰ	<12.7	35.6
AMC Ⅱ	12.7~27.9	35.6~53.3
AMC Ⅲ	>27.9	>53.3

AMC Ⅰ:土壤干旱,但还未达到植物的萎蔫点,仍有良好的耕作及耕种能力。

AMC Ⅱ:发生洪涝暴雨时的平均情况,即为许多流域的暴雨洪水出现之前的土壤水分的平均状况。

AMC Ⅲ:在发生暴雨前的5天内已有大雨或小雨和低温等降雨气候出现,土壤中含有的水分几乎呈饱和状况。

$$CN_1 = \frac{4.2CN_2}{10-0.058CN_2} \tag{6-8}$$

$$CN_3 = \frac{23CN_2}{10+0.13CN_2} \tag{6-9}$$

式中,CN_1 是土壤前期湿润程度为干旱状况(AMC Ⅰ)的 CN 值;CN_2 是土壤前期湿润程度为平均状况(AMC Ⅱ)的 CN 值;CN_3 是土壤前期湿润程度为湿润状况(AMC Ⅲ)的 CN 值[171]。

对模型进行改进后,产流一共有3个参数,其中 CN 值可根据流域下垫面资料直接求得,初损比例 m 和蒸散发折算系数 K_c 值通过自动优选得出;分水源参数 f_c 则在结合土壤资料进行分析的基础上,对不同流域进行率定得出;汇流参数亦可通过 SCE-UA 算法[172]自动优选得出。

6.1.4　模拟精度评价

根据《水文情报预报规范》(GB/T 22482—2008)中的有关规定,洪峰预报以实测洪峰流量的20%作为许可误差;峰现时刻误差,以±3 h 作为许可误差;在水文情报预报规范中径流深的许可误差以实测值的20%作为评定标准,本书以洪水总量误差代替。

根据《水文情报预报规范》,在调试参数时,拟合精度以《水文情报规范》规定的两种目标函数描述,即确定性系数准则和合格率准则。其中,合格率主要用于对洪峰流量预报进行评定,合格预报次数与预报总次数之比的百分数为合格率,表示多次预报总体的精度水平。表达式为:

$$QR = \frac{n}{m} \times 100\% \tag{6-10}$$

式中,QR 为合格率,%;n 为合格预报次数;m 为预报总次数。

预报项目的精度按合格率或确定性系数的大小分为3个等级,见表6-2。

表 6-2 精度评价等级指标

精度等级	甲	乙	丙
合格率/%	$QR \geqslant 85.0$	$85.0 > QR \geqslant 70.0$	$70.0 > QR \geqslant 60.0$
确定性系数	$DC \geqslant 0.9$	$0.9 > DC \geqslant 0.7$	$0.7 > DC \geqslant 0.5$

6.1.5 模型应用

关于 SCS 模型在岩溶地区的应用,已有不少学者进行了研究,郑长统等[173]曾以 GIS 和 RS 技术获取流域地貌、土地利用方式以及土壤类型,通过地貌结构与初损比例 m 值关系的分析,确定了适合喀斯特流域的参数 m,并且在贵州平湖流域应用,取得了较好的结果。谢晓云[174]等在遥感地理信息技术的基础上,利用 SCS 模型在贵州平湖流域进行不同生态恢复下土地利用变化对水文响应的影响研究,对当地生态修复提供了技术支持。贾晓青[175]等通过对 CN 值的修正,将改进的 SCS 模型用于湖南万华岩地下河流域,模拟结果较好,为无实测资料的西南岩溶地下河流域的径流量计算和水量预测提供了科学参考。陈静妮[176]运用 GIS 和 RS 技术对岩溶地表进行土地利用分类处理,通过岩溶地表径流监测试验,计算出监测点的 CN 值,最终运用 GIS 空间分析技术计算出整个区域不同覆被类型下岩溶地表的 CN 值,为岩溶地区径流计算提供了依据。

本书拟定龙里站和向阳站为无资料流域,将改进的 SCS 模型用于其余有资料的十个流域,分别进行参数率定,各站参数率定结果和各站模型精度等级评定见表 6-3 和表 6-4。

表 6-3 各站参数率定结果

站点	K_e	m	CN	f_c	CS	C_g	T_{fast}	T_{mid}
修文	0.96	0.23	74.30	0.80	0.65	0.62	1.0	3.0
禾丰	0.84	0.16	75.79	0.56	0.72	0.68	2.0	7.0
赤水河	0.91	0.24	75.07	0.51	0.93	0.92	1.9	9.4
木孔	0.68	0.18	75.77	0.46	0.85	0.84	4.3	2.5
响水	0.79	0.18	74.86	0.50	0.83	0.75	8.1	1.7

表 6-3(续)

站点	K_e	m	CN	f_c	CS	C_g	T_{fast}	T_{mid}
织金	0.99	0.18	75.36	0.62	0.60	0.59	2.4	1.5
石板塘	0.72	0.16	75.12	0.53	0.87	0.86	4.5	2.1
徐花屯	0.78	0.19	74.41	0.56	0.63	0.62	2.7	1.9
盘县	0.72	0.15	73.88	0.48	0.48	0.47	3.0	1.9
黄果树	0.98	0.18	76.47	0.54	0.84	0.77	3.9	2.0

其中,CN 值为中等湿润条件下的取值,在进行不同的次洪模拟时,根据前 5 天的累积降雨量由式(6-8)、式(6-9)换算确定。

表 6-4　各站模型精度等级评定

站点	平均确定性系数	洪水合格率	精度等级
修文	0.83	80.0%	乙级
禾丰	0.84	80.0%	乙级
赤水河	0.72	73.3%	乙级
木孔	0.90	93.3%	甲级
响水	0.89	73.3%	乙级
织金	0.62	66.7%	丙级
石板塘	0.73	60.0%	丙级
徐花屯	0.91	73.3%	乙级
盘县	0.85	86.7%	乙级
黄果树	0.55	60.0%	丙级

由上表可知,在 10 个站的模拟中,有 9 个站的平均确定性系数达到 0.6 以上,有 8 个站达到 0.7 以上,洪水合格率都达到 60% 以上,其中木孔站的评定等级达到甲级,70% 以上的站精度评定等级达到乙级及以上等级。由此可见,模型改进之后,在研究区域适用效果较好,率定的模型参数基本合理,可以用于后续的无资料地区参数移用研究。

6.2 距离相近法移用参数

空间距离的大小是表现水文相似最直接的特征,在水文学中,对于无资料地区经常选择临近站点的资料来替代,萨维茨(Sawicz)[143]对于空间临近区划分的解释如下:气候对于水文行为影响很大,并且流域在空间变化上是缓慢均匀的,两流域在地理空间上的距离可以用欧氏距离来表示:

$$d = \sqrt{(X_u - X_g)^2 + (Y_u - Y_g)^2} \tag{6-11}$$

式中,X_u、X_g 为有资料地区和无资料地区的经度;Y_u、Y_g 为有资料地区和无资料地区的纬度。各站点欧氏距离见表 6-5。

表 6-5 各站点欧氏距离

站名	修文	禾丰	龙里	赤水河	木孔	响水	织金	石板塘	徐花屯	向阳	盘县	黄果树
修文	0.00	0.18	0.56	1.66	0.69	1.13	0.95	0.66	1.51	2.08	2.32	1.26
禾丰	0.18	0.00	0.50	1.81	0.79	1.29	1.12	0.83	1.68	2.26	2.49	1.42
龙里	0.56	0.50	0.00	2.16	1.25	1.63	1.23	1.17	1.97	2.40	2.42	1.33
赤水河	1.66	1.81	2.16	0.00	1.12	0.54	1.18	1.00	0.34	1.07	2.00	1.62
木孔	0.69	0.79	1.25	1.12	0.00	0.68	1.00	0.42	1.09	1.84	2.39	1.49
响水	1.13	1.29	1.63	0.54	0.68	0.00	0.73	0.47	0.41	1.18	1.88	1.23
织金	0.95	1.12	1.23	1.18	1.00	0.73	0.00	0.59	0.89	1.18	1.42	0.52
石板塘	0.66	0.83	1.17	1.00	0.42	0.47	0.59	0.00	0.85	1.50	1.98	1.09
徐花屯	1.51	1.68	1.97	0.34	1.09	0.41	0.89	0.85	0.00	0.83	1.69	1.29
向阳	2.08	2.26	2.40	1.07	1.84	1.18	1.18	1.50	0.83	0.00	1.04	1.26
盘县	2.32	2.49	2.42	2.00	2.39	1.88	1.42	1.98	1.69	1.04	0.00	1.09
黄果树	1.26	1.42	1.33	1.62	1.49	1.23	0.52	1.09	1.29	1.26	1.09	0.00

由表 6-5 可见,与龙里站最相近的为禾丰站,与向阳站最相近的为徐花屯站。在进行参数移用时,除了 CN 值由流域的土壤类型、下垫面资料以及每场次洪开始前 5 天的降雨量确定之外,其余参数直接移用。

经计算,龙里站中等湿润条件下的 CN 值为 75.25,向阳站中等湿润条件下的 CN 值为 73.32。两站的模型模拟结果分别见表 6-6 和表 6-7。

表 6-6　龙里站模拟结果表

洪水编号	纳什系数	洪量误差	峰量误差	峰现时刻误差	是否合格
19910507	0.69	−10.07	10.78	1	合格
19910615	0.47	−23.19	24.51	3	不合格
19910619	0.68	−18.17	−10.32	1	合格
19910706	0.47	−20.25	−12.18	−5.6	不合格
19930521	0.52	−15.35	−12.58	3.5	合格
19930617	0.59	40.26	21.43	4	不合格
19930619	0.48	−30.74	−30.21	3	不合格
19940424	0.32	−40.41	−25.66	8	不合格
19940521	0.31	50.62	−14.27	3	不合格
19940612	0.47	−28.42	−8.62	7.5	不合格
19920625	0.28	−30.13	−18.51	1	不合格
19980616	0.31	20.21	−17.30	5	不合格
20000620	0.39	20.01	−21.24	5.5	不合格
20000622	0.19	−30.02	14.30	4	不合格
20000803	0.59	12.21	−6.16	1.5	合格

表 6-7　向阳站模拟结果表

洪水编号	纳什系数	洪量误差	峰量误差	峰现时刻误差	是否合格
19930618	0.58	−0.04	−16.624	2.2	合格
19930722	0.38	1.98	−20.292	6.3	不合格
19930820	0.47	−0.12	−11.334	−1	合格
19930912	0.57	3.10	−34.027	7	不合格
19940530	0.75	0.49	−13.983	3.5	不合格

表 6-7(续)

洪水编号	纳什系数	洪量误差	峰量误差	峰现时刻误差	是否合格
19940616	0.69	−8.03	−10.926	2	合格
19940905	0.36	−0.02	−13.829	1	合格
19940925	0.81	−5.31	−21.22	2.5	不合格
19990721	0.73	1.705	7.839	4	不合格
19990821	0.83	−0.01	−13.2	5	不合格
19920621	0.62	−0.12	−13.498	−1	合格
19920624	0.91	2.01	19.361	1.5	合格
19920703	0.41	0.15	−15.692	0.5	合格
19920713	0.87	1.65	−20.474	5	不合格
19920821	0.77	−5.00	−3.913	−1	合格

由表可见,仅凭空间距离移用参数,效果不佳。龙里站有 4 场洪水合格,合格率仅为 26.67%;向阳站移用效果略好,合格率也仅达到 53.3%。

6.3 属性相近法移用参数

目前众多学者认为,两个流域如果相似,则要满足下列两个条件之一。第一个条件是具有相同的无量纲洪水频率分布曲线;第二个条件是在相同的动力条件下,对单位降雨具有相同的径流响应函数。其中第一个条件里的无量纲洪水频率分布曲线是在地貌单位线的基础上拓展得到的,第二个条件直接认为地貌单位线相似就是流域水文相似。目前推求地貌单位线时,假定对于单位降雨流域各点同时产流。但实际情况并非如此,因此把地貌单位线相似作为流域水文相似的依据明显不足[140]。

在进行流域水文相似分析时,暂且没有具体的量化指标,缺乏比较完备的相似理论体系。近年来出现的水文相似流域筛选和评价方法,大多通过人为设定流域特征指标,然后选用相关评价方法(聚类分析法、模糊聚类法等)进行参证流域的选取[141-143]。TOPMODEL 中采用地形指数 $\ln(\alpha/\tan\beta)$ 模拟水文响应,认为具有相同地形指数的点水文特性相同[177],具有相同地形指数频率分布的流域亦相似,然而地形指数只能根据频率分布曲线,大致看出流域是否相似,并不能量化地描述相似程度。因此本书先对地形指数进行分析,在基于地形指数相似的条件下,根据模糊聚类结果选择参证流域。

选取流域面积(km^2)(x_1)、平均出流路径长度(km)(x_2)、平均海拔(km)(x_3)、流域长度(km)(x_4)、流域宽度(km)(x_5)、形状系数(x_6)、平均坡度(x_7)、河网密度(km)(x_8)、林地面积比例(%)(x_9)、耕地面积比例(%)(x_{10})、草地面积比例(%)(x_{11})、黏土含量(%)(x_{12})、砂土含量(%)(x_{13})、粉质土含量(%)(x_{14})、地质类型(x_{15})、地貌类型(x_{16})、多年平均降雨量(mm)(x_{17})17 项指标进行流域特征的相似性分析。研究区域内 12 个典型流域的特征指标,具体数据见表 6-8。

表 6-8　典型流域的特征指标

站名	修文	禾丰	龙里	赤水河	木孔	响水	织金	石板塘	徐花屯	向阳	盘县	黄果树
x_1	270	537	274	4 034	1 338	623	166	2 154	234	1 008	49	891
x_2	11.54	18.37	12.65	66.24	34.41	19.94	9.22	36.16	11.89	32.82	6.96	25.05
x_3	1 349	1 292	1 416	1 431	1 107	1 585	1 560	1 388	1 810	2 151	1 753	1 310
x_4	17	35	28	104	61	29	18	47	26	56	12	52
x_5	24	21	17	67	36	33	15	71	21	41	8	34
x_6	0.66	0.73	0.58	0.58	0.61	0.65	0.61	0.65	0.43	0.44	0.51	0.5
x_7	0.07	0.06	0.08	0.1	0.07	0.08	0.15	0.05	0.11	0.1	0.11	0.04
x_8	0.04	0.03	0.05	0.02	0.03	0.03	0.06	0.02	0.05	0.03	0.14	0.03
x_9	13.9	10.1	50	50.4	39.8	44.2	35.2	26.2	37.4	39.2	48	4.7
x_{10}	35.2	58.7	17.9	14.9	34	17.2	33.1	37.4	16.7	3.6	0	74.1
x_{11}	50.9	31.3	32.1	34.7	26.2	38.6	31.6	36.3	45.9	56.8	52	21.2
x_{12}	28.89	28.89	29.69	29.14	28.22	31.65	31.65	29.82	31.65	31.2	24	28.77
x_{13}	55.19	55.19	51.61	52.72	54.57	49.5	49.5	51.35	49.5	48.61	60	53.46
x_{14}	15.92	15.92	16.7	16.14	15.22	18.85	18.85	16.82	18.85	18.2	14	15.77
x_{15}	0	1	1	2	0	2	2	0	0	0	2	0
x_{16}	0	0	1	1	1	1	1	1	1	1	1	1
x_{17}	1 100	1 107	1 106	933	1 013	1 180	1 455	1 020	1 120	1 206	1 360	1 300

进行主成分分析时,为了消除不同流域特征指标之间因量纲不同存在的差异,在主成分分析之前,对流域特征指标的样本值进行标准化,并计算各指标之间的相关性,采用 Pearson 相关系数表示,可得相关关系矩阵,据此再进行主成分分析。

表 6-9 所示为各主成分的特征值、方差贡献率及累积贡献率,图 6-1 为对应的碎石图。

表 6-9 各主成分的特征值、方差贡献率及累积贡献率

主成分	特征值	方差贡献率/%	累积贡献率/%
F_1	5.372	31.601	31.601
F_2	4.296	25.271	56.872
F_3	2.985	17.558	74.430
F_4	1.624	9.552	83.982
F_5	1.299	7.643	91.625
F_6	0.694	4.084	95.709
F_7	0.382	2.245	97.954
F_8	0.207	1.220	99.173
F_9	0.093	0.544	99.718
F_{10}	0.034	0.199	99.917
F_{11}	0.014	0.083	100.000
F_{12}	0.000	0.000	100.000
F_{13}	0.000	0.000	100.000
F_{14}	0.000	0.000	100.000
F_{15}	0.000	0.000	100.000
F_{16}	0.000	0.000	100.000
F_{17}	0.000	0.000	100.000

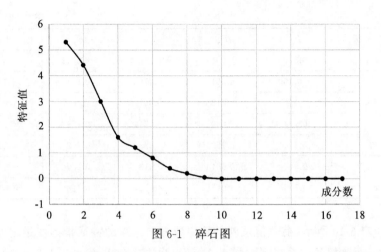

图 6-1　碎石图

由表 6-9 和碎石图可以看出，提取的主成分 $F_1 \sim F_5$ 方差累积贡献率达到 91.625%，这 5 个综合指标基本上保留了原来 17 个流域特征指标变量 $x_1 \sim x_{17}$ 的信息。因此选取 F_1、F_2、F_3、F_4、F_5 分别为第一、二、三、四、五主成分。原来 17 个流域特征指标变量在 5 个主成分上的荷载值，见表 6-10。

表 6-10　流域特征指标变量在 5 个主成分上的荷载值

特征指标	F_1	F_2	F_3	F_4	F_5
x_1	−0.779	0.399	0.420	0.066	0.040
x_2	−0.796	0.433	0.370	−0.010	−0.009
x_3	0.583	0.628	−0.035	−0.387	0.030
x_4	−0.784	0.402	0.337	−0.015	−0.139
x_5	−0.814	0.405	0.149	−0.126	0.028
x_6	−0.364	−0.495	−0.105	0.482	0.560
x_7	0.634	0.513	0.097	0.318	0.101
x_8	0.822	−0.204	0.497	0.027	−0.109
x_9	0.280	0.669	0.495	0.250	0.113
x_{10}	−0.475	−0.644	−0.441	0.120	−0.319

表 6-10(续)

特征指标	F_1	F_2	F_3	F_4	F_5
x_{11}	0.529	0.294	0.154	−0.593	0.467
x_{12}	−0.150	0.561	−0.792	0.131	0.116
x_{13}	0.116	−0.724	0.667	−0.087	0.024
x_{14}	0.151	0.650	−0.711	0.156	0.111
x_{15}	0.314	0.162	0.383	0.752	0.211
x_{16}	0.087	0.654	0.218	0.170	−0.617
x_{17}	0.746	−0.121	−0.184	0.218	−0.395

如表 6-10 所示,荷载值反映的是主成分与原来的特征指标变量之间的相关关系,通过相关关系将观测样本 X 转化为主成分 $F_i(i=1,2,3,4,5)$ 的值,各流域在主成分上的得分值见表 6-11,新指标变量之间不存在相关性。

表 6-11　各流域在主成分上的得分值

站名	F_1	F_2	F_3	F_4	F_5
修文	0.467	−5.353	−1.259	−1.736	2.054
禾丰	−2.470	−6.661	−1.524	0.553	1.379
龙里	1.872	0.116	−0.069	0.854	−0.084
赤水河	−8.237	5.262	4.885	1.124	0.620
木孔	−4.693	−1.793	1.827	0.221	−0.731
响水	1.079	2.797	−1.919	1.734	0.968
织金	5.804	1.729	−2.911	3.133	−0.434
石板塘	−6.468	0.507	−0.364	−0.732	0.101
徐花屯	4.051	3.864	−2.591	−1.527	−0.344
向阳	1.944	6.678	−1.042	−2.751	0.036
盘县	10.356	−2.953	6.638	−0.398	−0.386
黄果树	−3.704	−4.229	−1.672	−0.476	−3.179

据此,采用模糊等价矩阵的传递闭包(Fuzzy Equivalent Matrixes and Transitive Closure,FEM-TC)算法[178],假设被分类的对象集合为 $U=\{u_1,$ $u_2,\cdots,u_n\}$,每个对象 u_i 有 m 个特征指标,则 u_1 可表示为以下 m 维特征指标

向量 $u_i = (u_{i1}, u_{i2}, \cdots, u_{im})$，$i = 1, 2, \cdots, n$，其中 u_{ij} 表示第 i 个对象的第 j 个特征指标。使用 FEM-TC 算法进行聚类分析的主要步骤如下。

6.3.1　建立特征指标矩阵

集合中 n 个对象的 m 个指标构成一个矩阵，记为：

$$U^* = \begin{bmatrix} u_{11} & \cdots & u_{1m} \\ \vdots & & \vdots \\ u_{n1} & \cdots & u_{nm} \end{bmatrix} \tag{6-12}$$

称 U^* 为 U 的特征指标矩阵。

6.3.2　平移-标准差变换（消除量纲）

由于对象的 m 个特征指标的量纲与数量级不一定相同，在运算过程中可能会突出其中某个数量级特别大的特征指标对分类的作用，而降低甚至排除某些数量级很小的特征指标的作用。数据标准化的作用是让所有指标值统一于某种共同的数值特性范围，使各特性指标的分类有一个统一的尺度。

标准化方法：对特征指标矩阵 U^* 的第 j 列，计算均值与方差，然后进行变换。

$$u'_{ij} = \frac{u_{ij} - \overline{u_j}}{\sigma_j}, i = 1, 2, \cdots, n; j = 1, 2, \cdots, m \tag{6-13}$$

其中，$\overline{u_j} = \dfrac{1}{n} \sum\limits_{i=1}^{n} u_{ij}$，$\sigma_{\check{z}} = \dfrac{1}{n} \sum\limits_{i=1}^{n} (u_{ij} - \overline{u_j})^2$。

平移-极差变化（变换至 $[0, 1]$ 区间）

$$u''_{ij} = \frac{u'_{ij} - \min\limits_{1 \leqslant i \leqslant n}\{u'_{ij}\}}{\max\limits_{1 \leqslant i \leqslant n}\{u'_{ij}\} - \min\limits_{1 \leqslant i \leqslant n}\{u'_{ij}\}} \tag{6-14}$$

6.3.3　构造模糊相似矩阵

设数据 u_{ij} $(i = 1, 2, \cdots, n; j = 1, 2, \cdots, m)$ 均已标准化，可定义

$$R = \begin{bmatrix} r_{11} & \cdots & r_{1n} \\ \vdots & & \vdots \\ r_{n1} & \cdots & r_{nn} \end{bmatrix} \tag{6-15}$$

其中，$r_{11}=R(u_i,u_j)\in[0,1](i,j=1,2,\cdots,n)$，$\boldsymbol{R}$ 为对象 $u_i=(u_{i1},u_{i2},\cdots,u_{im})$ 和 $u_j=(u_{j1},u_{j2},\cdots,u_{jm})$ 之间的模糊相似矩阵。

相似程度（相关系数）的确定有多种方法，常用的有：数量积法、夹角余弦法、相关系数法、贴近度法、距离法、绝对值倒数法等，本节采用的是夹角余弦法。

$$r_{ij}=\frac{|u_i\cdot u_j|}{\|u_i\|\cdot\|u_j\|},\|u_i\|=\left(\sum_{k=1}^m u_{ik}^2\right),i=1,2,\cdots,n \tag{6-16}$$

使用上述方法构造出的对象与对象之间的模糊关系矩阵 $R=(r_{ij})_{n\times n}$，一般来说仅是一个模糊相似矩阵并不一定具有传递性。因此要对被分类对象进行分类，必须由相似矩阵 $R=(r_{ij})_{n\times n}$ 出发，构造出一个新的模糊等价矩阵，然后在此模糊等价矩阵的基础上，进行动态聚类分析。而模糊相似矩阵 R 的传递闭包矩阵 $t(R)$ 就是一个模糊等价矩阵，因此可以在 $t(R)$ 的基础上进行分类，称为模糊传递闭包法。具体步骤如下：

（1）采用平方自合成法求出传递闭包矩阵 $t(R)$，即

$$R^2\Rightarrow R^4\Rightarrow\cdots\Rightarrow R^{2k}=t(R),k\leqslant[\log_2 n]+1 \tag{6-17}$$

（2）选取适当的置信水平值 $\lambda\in[0,1]$，求得 $t(R)$ 的 λ 截矩阵 $t(R)_\lambda$，$t(R)_\lambda$ 为 U 上的一个等价 Boole 矩阵，再按照 $t(R)_\lambda$ 进行分类得到的就是在 λ 水平上的等价分类。

设 $t(R)=(\overline{r_{ij}})_{n\times n}$，$t(R)_\lambda=(\overline{r_{ij}}(\lambda))_{n\times n}$ 则

$$\overline{r_{ij}}(\lambda)=\begin{cases}1,\overline{r_{ij}}\geqslant\lambda\\0,\overline{r_{ij}}<\lambda\end{cases} \tag{6-18}$$

对于 $u_i,u_j\in U$，若 $\overline{r_{ij}}(\lambda)=1$，则在 λ 水平上将对象 u_i 和 u_j 归为一类。当 λ 在 $[0,1]$ 之间取不同值时，相应的分类随之变化，得到的模糊分类具有动态性，可根据不同的要求进行不同的分类。

6.3.4 画动态聚类图

为了可以更加直观地看到被分类对象之间的相关程度，通常把 $t(R)$ 中所有不相同的元素按照从大到小的顺序排列：$1=\lambda_1>\lambda_2>\cdots$，得到按照 $t(R)\lambda$ 进行的一系列分类，把这一系列分类结果画在同一个图上即可得到动态聚类图，如图 6-2 所示。

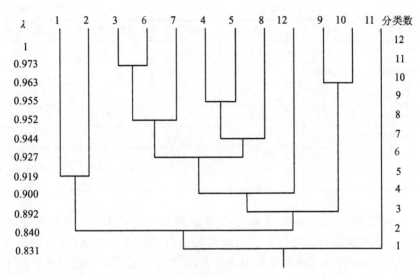

图 6-2 动态聚类图

由聚类图可以看出,相似程度最高的为 3 和 6、9 和 10,即龙里和响水,徐花屯和向阳。根据属性相似分析结果,可知在距离相似分析时,由于向阳站与徐花屯站属性相似和距离相似的结果一样,因此在进行距离相似的移用时效果较好。为了验证属性相似与距离相似的评价结果,将与龙里站相似的响水站的参数移用至龙里站,得模拟结果,如表 6-12 所示。

表 6-12 龙里移用响水站参数的模拟结果

洪水编号	纳什系数	洪量误差	峰量误差	峰现时刻误差	是否合格
19910507	0.70	−9.23	15.26	1.2	合格
19910615	0.63	−3.69	17.23	3	合格
19910619	0.70	−13.27	−16.01	1	合格
19910706	0.53	−2.58	−22.10	−4	不合格
19930521	0.71	−5.06	−5.68	3.5	不合格
19930617	0.69	12.17	12.31	4	不合格
19930619	0.71	−3.68	−15.10	3	合格
19940424	0.52	−3.52	−26.68	3.6	不合格

表 6-12(续)

洪水编号	纳什系数	洪量误差	峰量误差	峰现时刻误差	是否合格
19940521	0.50	2.52	−19.50	2	合格
19940612	0.70	−8.02	−18.12	7	不合格
19920625	0.51	−3.14	−19.85	2	合格
19980616	0.31	5.02	−20.01	3.5	不合格
20000620	0.39	1.53	−21.44	3.6	不合格
20000622	0.48	−2.16	4.03	5	不合格
20000803	0.70	0.06	−16.52	1	合格

　　龙里站移用响水站的结果合格率达到 46.7%,与之前移用禾丰站的 26.7% 相比有所提升。对比龙里站和向阳站的移用效果发现,其中洪量误差较小,但是峰量误差与峰现时刻误差较大,说明研究流域在产流过程模拟中具有一定相似性,而在流域汇流过程中仍然存在较大差异,直接移用汇流参数可能达不到良好的效果。

　　在汇流的计算中主要涉及直接径流和地下径流两组参数,一组是消退系数 C_s 和 C_g,另外就是滞后时间 T_s 和 T_g。其中,消退系数模拟洪水的坦化过程、影响洪峰流量;而滞后时间模拟洪水的平移过程、影响峰现时刻。流域的水文响应受到降雨和下垫面条件的综合影响,在降雨条件一定时,流域的下垫面条件对水文响应有着重要影响[179]。因此,寻找汇流参数与流域下垫面特征之间的关系,是提高汇流模拟精度的一种常用思路。

6.4　参数回归法移用参数

　　通过观察消退系数(表 6-13)发现流域面积与消退系数之间存在着以下关系(如图 6-3 所示):流域面积越大,消退系数越大;反之,流域面积越小,消退系数越小。消退系数反映的是流域的调蓄能力,流域面积越大,河网的级数越高,调蓄能力就越大[180]。

表 6-13　各站流域面积与消退系数

站名	面积/km²	C_s	C_g
盘县	49	0.48	0.47
织金	166	0.60	0.59
徐花屯	234	0.63	0.62
修文	270	0.65	0.62
禾丰	537	0.72	0.68
响水	623	0.83	0.75
黄果树	891	0.84	0.77
木孔	1338	0.85	0.84
石板塘	2154	0.87	0.86
赤水河	4034	0.93	0.92

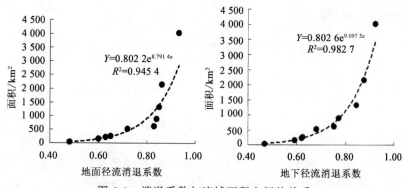

图 6-3　消退系数与流域面积之间的关系

对流域面积与消退系数绘制散点图,建立指数关系,根据以上关系式计算出目标站的消退系数,得出龙里站的 C_s 值为 0.66,C_g 值为 0.64,向阳站的 C_s 值为 0.81,C_g 值为 0.78。

滞时 T 的计算公式为:

$$T = \frac{L}{V} \tag{6-19}$$

式中,V 是坡面流速度,m/s;L 是流域的平均出流路径长,m。

坡面流速计算公式如下:

$$V = CkS^{\frac{1}{2}} \tag{6-20}$$

式中,S 是坡面流平均坡度;k 是坡面流速度常数,可以根据地表覆被的类型确定,见表 6-14;C 是一个调整系数,需要由实测资料率定。

表 6-14　坡地流速度常数 k(SCS,1986)

地表覆盖		$k/(\text{m} \cdot \text{s}^{-1})$	地表覆盖		$k(\text{m} \cdot \text{s}^{-1})$
森林	茂密矮树丛	0.21	农耕地	有残株	0.37
	稀疏矮树丛	0.43		无残株	0.67
	大量枯枝落叶	0.76		休耕地	1.37
草地	草丛	0.30	农作地	等高耕	1.4
	茂密草地	0.46		直行耕作地	2.77
	矮短草地	0.64	道路铺面		6.22
	放牧地	0.4			

由此可得滞时 T:

$$T = \frac{L}{CkS^{\frac{1}{2}}} \tag{6-21}$$

滞时 $T \propto \dfrac{L}{\sqrt{S}}$,研究中尝试按照以下公式进行滞时的换算:

$$T_{目标} = T_{参证} \frac{L_{目标}}{L_{参证}} \sqrt{\frac{S_{参证}}{S_{目标}}} \tag{6-22}$$

重新确定汇流参数之后进行模拟,其中由自动优选率定出来的参数依旧采用流域相似参证站的结果。两站的模拟结果分别见表 6-15、表 6-16和图 6-4、图 6-5。

表 6-15　龙里站次洪模拟结果统计

洪水编号	纳什系数	总量误差	峰量误差	峰现时刻误差	是否合格
19910507	0.91	−0.06	0.79	4	不合格
19910615	0.87	−0.09	4.61	3	合格
19910619	0.78	−0.77	−0.31	1	合格
19910706	0.67	−0.35	−2.08	−0.6	合格
19930521	0.52	−0.05	−12.59	3.5	不合格
19930617	0.87	0.21	2.44	0.1	合格

表 6-15(续)

洪水编号	纳什系数	总量误差	峰量误差	峰现时刻误差	是否合格
19930619	0.68	−0.77	−0.31	3	合格
19940424	0.92	−4.44	−5.86	0.5	合格
19940521	0.91	5.95	−4.77	4	不合格
19940612	0.77	−0.59	−8.65	1.5	合格
19920625	0.68	−0.30	−18.58	1	合格
19980616	0.71	0.13	−17.90	5	合格
20000620	0.83	0.63	−21.44	0.5	不合格
20000622	0.71	−0.06	14.60	0	合格
20000803	0.75	1.62	−6.31	1.5	合格

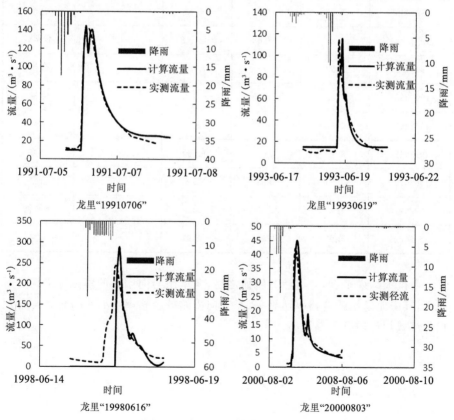

图 6-4　龙里站部分模拟结果图

表6-16 向阳站次洪模拟结果统计

洪水编号	纳什系数	总量误差	峰量误差	峰现时刻误差	是否合格
19930618	0.85	−0.04	−6.64	0.2	合格
19930722	0.90	1.98	−0.29	0.3	合格
19930820	0.87	−0.15	−11.34	−1	合格
19930912	0.57	0.11	−34.07	3	不合格
19940530	0.85	0.92	−13.93	3.5	不合格
19940616	0.69	−0.33	−0.96	2	合格
19940905	0.76	−0.07	−3.89	1	合格
19940925	0.81	−0.08	−21.22	4.5	不合格
19990721	0.83	1.75	7.89	0	合格
19990821	0.83	−0.08	−13.20	0	合格
19920621	0.92	−0.21	−3.49	−4	不合格
19920624	0.90	0.05	9.36	0.5	合格
19920703	0.71	0.53	−15.69	0.5	合格
19920713	0.87	1.55	−20.47	0	不合格
19920821	0.97	−0.01	−3.91	−1	合格

由模拟结果来看,经过参数转换之后,龙里站与向阳站的模拟效果均有所提高,其中龙里站的合格率达到73.3%,向阳站的合格率达到66.7%。与移用相似流域相比均有大幅提高。

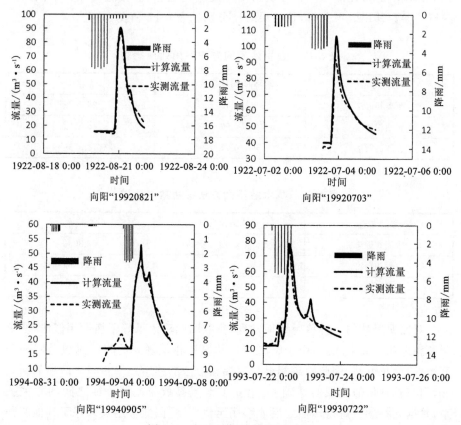

图 6-5　向阳站部分模拟结果图

6.5　模拟结果对比

本书在相似流域选择的基础上,进行了无资料地区参数移用的研究。在选择相似流域时使用了主成分分析法与模糊聚类法相结合的方法,同时结合了地形指数频率分布曲线综合考虑,找出流域之间的相关关系。其中,由于选择流域相似性评价指标时,综合考虑了地形地貌、植被、土壤、降雨特性等多方面的因素,导致指标选择较多,因此首先采用了主成分分析法,提取出 5 个最主要的影响因子,再对这 5 个影响因子采用模糊聚类法进行分析,最终选取了无资料流域的参证流域。并分别采用距离相近法、属性相近法和参数回归法进行了参数移用效果分析,其结果对比分别见表 6-17 和表 6-18。

表 6-17　龙里站不同方法移用效果比较

移用方法	平均纳什系数	合格率
距离相近法	0.45	26.70％
属性相似法	0.59	46.70％
参数回归法	0.77	73.30％

表 6-18　响水站不同方法移用效果比较

移用方法	平均纳什系数	合格率
距离相近法	0.65	53.30％
属性相似法	0.65	53.30％
参数回归法	0.82	66.70％

对比龙里站的 3 种移用结果发现,参数回归法效果好于属性相似法,好于距离相近法。而响水站,由于距离相近和属性相似确立的相似流域是同一个流域,即徐花屯站,因此距离相近与属性相似法的移用效果相同。而参数回归法,因在找到相似流域的基础上,建立了汇流参数与流域特征之间的相关关系,并据此将参数进行转换之后才移用至目标站,因此移用效果好于其他两种方法,极大地改善了参数移用的效果。

第7章　卫星数据适应性分析及应用

降水在水文气象中是一个很重要的要素[181]，它的时空变异特性非常明显，不仅对水文循环有直接关键的影响，而且在各种水文、气象等模型中也是必不可少的输入参数[182]，因此在水文研究中一直将降水的研究视为重点[183]。然而，由于气候条件、人文地理等条件的限制，很多区域观测站点稀疏，甚至无观测资料，这成为水文模拟和水资源研究中的难点。近年来，由于航空航天以及遥感技术的不断进步，出现了众多不同时空分辨率的全球卫星降水数据产品[184]。卫星测雨数据产品可以发挥其在时间和空间上高分辨率、覆盖面积广的优势，以弥补传统站点观测降雨在该方面的不足[185]。技术的进步极大地提高了卫星数据产品用于大尺度分布式水文模型[186]降水输入的适用性[187]。

美国宇航局(NASA)和日本宇航局(JAXA)于1997年11月28日联合成功发射了热带降雨测量卫星测雨雷达(Tropic Rainfall Measurement Mission Precipitation Radar)。相应的热带降雨观测计划(Tropical Rainfall Measuring Mission，TRMM)发布的卫星降水数据产品在国内外应用十分广泛[188]。

TRMM卫星最初是用于提供全球热带地区的降水和潜热分布来了解全球能量与水循环。随着不同卫星遥感数据来源的增加，多源遥感数据整合成为人们关注的重点[189-190]。在TRMM卫星发射之前，霍夫曼(Huffman)等[191]曾尝试将地面观测数据与红外、微波数据整合生成新的降水数据产品，随着TRMM卫星的发射成功及其在卫星降水探测方面的卓越表现，霍夫曼(Huffman)[192-193]将目光投向以TRMM卫星搭载传感器探测结果为主的多源卫星降水数据整合工作，即多源卫星降水分析TMPA(TRMM Multi-satellite Precipitation Analysis)。TMPA旨在生成一套"最优的准全球细分辨率降水估计产品"，它的空间覆盖范围为北纬50°至南纬50°，分辨率为0.25°×0.25°，未来可能会向更高纬度扩展[194]，目前已经基本将所有TRMM观测时段内的数据计算完毕。

7.1 TRMM 数据简介

TRMM 卫星轨道为圆形,倾角 35°,初始轨道高度为 350 km(2001 年 8 月 7 日后调整为 403 km),环绕地球一周大约需要 91.6 min,覆盖区域最初为全球 35°N 至 35°S,目前已扩展到 50°N 至 50°S[195]。TRMM 卫星降水雷达的扫描宽度约为 215 km,每条扫描线上都有 49 个像素,扫描角范围为 -17°~17°。TRMM 卫星原本的设计寿命为 3 年,但因其工作性能一直维持在良好状态,因此至今仍然正常服役,并且仍将作为 NASA 全球降水观测计划 GPM 的一部分发挥重要作用。

TMPA 的数据产品分两种:准实时(near-real-time product,3B42RT)数据和分析(post-real-time research products,3B42)数据[196]。RT 数据以 TRMM 卫星的 TMI(TRMM Microwave Imager)作为主要校正数据,直接通过多源卫星数据融合生成 3 h 准实时数据,它比实际时间滞后 9 h。3B42 数据的生成则相当复杂,先将多源卫星数据融合生成的 3 h 数据转化为月数据,然后将月数据与地面站点观测数据融合生成 3B43 数据,再将 3B43 数据按地面校正前后比例降尺度到 3 h,从而得到 3B42 数据,这种方法类似于气候变化研究中常用的 Delta 降尺度方法。研究数据 3B42 以 TRMM 2B31[TMI 与 PR 数据的融合产品,即 TCI(TRMM Combined Instrument)]降水产品为校正数据,TCI 的精度要高于 TMI,但是不能实时获取。在具备地面观测站点的地区,3B42 会同时使用 TCI 和地面站点观测数据进行标定或者校正,在海洋等没有站点观测数据的地区则只通过 TCI 本身校正其他数据。3B42 数据的生成方法使得它比 RT 数据的滞时长很多,本月的 3B42 数据需到下月的 15 号之后才能够生成。其 V7 数据相对于 V6 数据不仅整合的卫星数据来源由原来的 5 套增加至 10 套;地面校正数据从 2005 年 4 月引入了气候评估监测系统的再分析数据,从 2010 年开始在有站点"监测"的地区还引入了全球降水气候中心(Global Precipitation Climatology Center,GPCC)的"完全"站点观测数据;3 h 输出产品由 2 套增加至 6 套,而月输出产品则由 2 套增加至 3 套。此外,V7 版本还增加了 QA 自动算法,可以在异常数据扩散前将其自动检出[193]。

7.2　应用现状

　　TRMM 作为一颗里程碑式的气象观测卫星,它的应用正受到越来越多研究者的关注。它的应用成果很多,主要包括以下几个方面。

　　(1) 数据本身的精度和适用性问题。如帕拉米(Parame)分别利用高密度地面站网、低密度地面站网和 NEXRAD 雷达站网对 V6 产品的精度进行了评估,结果发现,V6 会高估降水量,而且当降水小到地面站点无法观测时 V6 的高估现象会更显著;维拉利尼(Villarini)等[197]分析了 TPMA 产品在不同季节的精度表现;李剑锋等[198]研究了 3B42V7 在高纬度半干旱的老哈河流域的精度,同时还发现 TRMM 数据的误差与纬度和高程密切相关,纬度越高、高程越高,则数据的误差也越大;刘(Liu)等[199]对比了青藏高原地区冬季TMPA 数据和 MODIS 积雪数据,发现二者相差约为 15%,只使用 TMPA 计算积雪的话误差则高达 40%,这也从侧面反映了 TMPA 在高寒地区应用的局限性;丁库(Dinku)等曾经分别在非洲埃塞俄比亚山区和南美洲哥伦比亚高原地区对 3B42V6 和 RT 两套数据的应用效果进行了评估,结果发现,这两套数据的应用效果均欠佳,都低估了降水总量,丁库(Dinku)等认为复杂地形对降水的影响是造成这种现象的原因之一;谢尔(Scheel)等[200]对 3B42 数据在安第斯山中部地区的应用效果进行了评估,认为虽然 TRMM 数据可以检测到强降雨事件,但是仍然会低估降水强度,同时他们的研究表明,TRMM日降水与地面观测降水的相关性较差,而月降水的相关系数则可以达到 0.8甚至 0.9,这种差异实际上也被其他学者的研究证明过,出现这种现象的原因很可能是 V6 数据在生成过程中已经与地面数据在月尺度上进行了校正。

　　(2) 基于 TMPA 数据的时空间变异性分析。白(BAI)等[201]利用 TMPA数据对青藏高原地区夏季日内降水循环特征进行了研究,并与周边地区进行了比较,得到了一系列有益的成果。

　　(3) 驱动水文模型,对水文过程进行模拟。洪杨(Y.Hong)等[202]探讨了利用 TMPA 产品建立全球洪水预警系统 GFM 的可能性;杨传国等[203]将TRMM 卫星降水与站点观测降水分别作为模型的气象输入,模拟了淮河流域 1998—2003 年的径流过程,并研究其时空变化规律,结果表明,TRMM 卫星降水能够很好地描述降雨的时空分布情况,TRMM 降雨模拟的结果与站点观测降雨模拟的结果精度相差不大,其模拟的流量与实测流量也基本吻合;苏(Su)等[188]利用 3B42V6 数据作为输入驱动 VIC 模型,结果表明,V6 数据模拟的基流效果较好,虽会过高估计洪峰,但总体上可以反映径流输出的季节和年际变化特征;李(Li)等[204]则利用 RT 数据驱动新安江模型,同样认为结果可以接受;苏(Su)和李(Li)等均认为 3B42 仍有改进的空间,但是哈里斯(Harris)等[205]则认为对卫星数据的校正可能会更加削弱模型对洪峰的模拟能力。

(4) 在极端事件中的应用。柯蒂斯(Curtis)等[206]利用 TMPA 产品研究了极端降水与 ENSO 之间的关系;索尔科斯(Sol Xenos)[207]比较了地面站点和 TMPA 对极端降水的反映能力,结果表明,TMPA 在冬季的使用效果较好,而地面数据对夏秋季节的极端降水事件的反映能力则较强,这种现象在山区的表现尤为明显。

(5) 对 TMPA 数据成果的改进。谢尔(Scheel)等曾提出将相对密集的站点观测数据与 TRMM 数据融合是提高 TRMM 精度的有益尝试,但是作者并没有具体进行验证,因为他们认为这种数据融合在实际操作中极其复杂;密特拉(Mitra)等[208]在这方面进行了有益尝试,他们将印度季风区 TMPA 日数据与地面观测数据进行了融合,生成了分辨率为 $1° \times 1°$ 的新数据集 NMSG,认为新数据集的代表性要优于单独使用 TMPA 数据,并且 NMSG 对于模拟大尺度降水事件更具有优势。

(6) 以 TPMA 产品为参考,进行空间插值的研究。例如,金君良[209]通过分析星载雷达的空间相关关系,提出了将星载雷达 TRMM PR 资料和少量站点实测资料相结合推算缺资料地区降水空间分布的插值方法,并基于 VIC 模型模拟验证了新疆开都河流域的月径流过程。结果表明,模拟结果可以初步满足区域水资源分析的精度要求,即将星载雷达与实测资料相结合进行插值的方法在开都河流域可行,这也为资料稀缺地区的水文模拟提供了一条可行之路。

但是,目前的 TRMM 卫星反演降水还存在着一定程度上的系统性偏差,数据精度表现出较为明显的空间变异特性[210],中高纬度地区的卫星降水偏差与低纬度地区相比较大,在不同的空间和时间尺度的应用中具有较大的不确定性[211]。因而评估 TRMM 卫星降水数据的精度,特别是分析 TRMM 降水在流域尺度水文模拟和预报中的应用能力,依然是目前需要深入研究的内容。

7.3　数据精度评估

　　研究中采用黑龙江省乌苏里江流域内的穆棱等 10 个有资料站点(表 7-1) 2005—2014 年汛期(6～9 月份)的逐日降雨数据评估 TRMM 数据的精度。为方便与 TRMM 数据进行比较,首先采用泰森多边形插值法将各个站点的雨量插值到整个流域上,进而计算出各个研究区域的逐日降雨量,月数据以及年数据均由日数据计算得到。

表 7-1　穆棱等 10 个有资料站点基本情况

站码	站名	流域	X	Y	高程
10502220	穆棱	乌苏里江	130.254	44.513	339
10503010	梨树镇	乌苏里江	130.671	45.088	231
10504410	密山桥	乌苏里江	131.963	45.529	114
10506400	湖北闸	乌苏里江	132.513	45.663	86
10512410	伐木场	乌苏里江	133.154	46.254	76
10513220	宝清	乌苏里江	132.246	46.329	78
10514200	菜嘴子	乌苏里江	133.338	47.212	58
10514600	保安	乌苏里江	131.646	46.496	101
10515600	红旗岭	乌苏里江	133.196	46.838	55
10540600	别拉洪	乌苏里江	134.463	47.921	35

7.3.1　定量评价指标

　　时间评价的一个前提是:站点降水能够反映真实降水。在此前提成立的情况下,通过对 TRMM 降水时间序列与面上实测的站点降水时间序列进行比较,来评估 TRMM 降水数据反映"真实"降水的能力。参照已有的研究成果[212],选定如下评价指标。

　　采用相对偏差 B(Bias)、平均绝对误差 MAE(Mean Absolute Error)、相对均方根误差 NRMSE(Normalized Root Mean Squared Error)和相关系数 CC(Correlation Coefficient)4 个定量精度指标来评价卫星降水与站点降水的一致性[213]。

(1) 相对偏差 B

$$B = \frac{\sum\limits_{i=1}^{n} P_c(i) - \sum\limits_{i=1}^{n} P(i)}{\sum\limits_{i=1}^{n} P(i)} \times 100\%$$ (7-1)

B 反映了卫星降雨和站点降雨的系统偏差程度,绝对值越小表示 TRMM 数据与实测站点数据相差越小,精度越高。

(2) 平均绝对误差 MAE

$$MAE = \frac{\sum\limits_{i=1}^{n} |P_c(i) - P(i)|}{n}$$ (7-2)

MAE 表示误差的平均幅度,但不能像相对误差那样反映出估计值与测量值的近似程度,所以需要与其他因子综合分析以反映卫星数据的精度。

(3) 相对均方根误差 $NRMSE$

$$NRMSE = \frac{\sqrt{\dfrac{\sum\limits_{i=1}^{n} |P_c(i) - P(i)|^2}{n}}}{\overline{P}}$$ (7-3)

$NRMSE$ 表示 TRMM 卫星降水数据与站点降水数据之间的整体偏差水平,数值越小越好。

(4) 相关系数 CC

$$CC = \frac{\sum\limits_{i=1}^{n} (P(i) - \overline{P})(P_c(i) - \overline{P_c})}{\sqrt{\sum\limits_{i=1}^{n} (P(i) - \overline{P})^2 \sum\limits_{i=1}^{n} (P_c(i) - \overline{P_c})^2}}$$ (7-4)

CC 表示 TRMM 卫星降水数据与站点降水数据之间的相关程度,在 $0\sim 1$ 之间,数值越大越好。式中,$P_c(i)$ 表示第 i 天的卫星降水量;$P(i)$ 表示第 i 天的站点实测降水量;$\overline{P_c}$ 表示卫星降水日均值;$\overline{P}$ 表示站点实测降水日均值。

图 7-1 和图 7-2 分别给出了乌苏里江流域日尺度、月尺度下 TRMM 3B42V7 与 3B42RT 降水和站点观测降水的散点图,并计算了各定量精度评价指标的数值。可以看出:在日尺度上,与站点数据相比,3B42V7 和 3B42RT 两套产品的 B 值分别为 -22.44% 和 -19.32%,说明了 TRMM 日尺度降水产品数据均在一定程度上存在系统性低估,并且两套产品中 3B42RT 比 3B42V7 低估的程度要小一些。同样地,3B42V7 日降水的 MAE 为 2.02,

3B42RT 日降水的 MAE 为 1.81;3B42V7 日降水的 $NRMSE$ 为 1.73,而 RT 日降水的 $NRMSE$ 为 1.64。可以看出,RT 的平均绝对误差和相对均方根误差相较 V7 均较小。3B42V7 与站点降水的 CC 为 0.40,而 3B42RT 的为0.48。可以看出,无论是 3B42V7 还是 3B42RT 的日降水与站点降水的相关性均不好,但是相较 3B42V7 而言,3B42RT 的更好些。在月尺度上,B 保持不变,3B42V7 的 $NRMSE$ 相较日尺度明显降低,为 0.45;CC 显著提高,达到 0.70。3B42RT 的 $NRMSE$ 相较日尺度明显降低,为 0.32;CC 显著提高,达到 0.71;MAE 的值虽增大,但它与日尺度比较时需除以天数,其结果实际上是变小的。说明两种 TRMM 卫星降水产品的月数据精度较日数据均有很大提高,并且在月尺度下,两种产品之间的精度差别也比日尺度下的小。

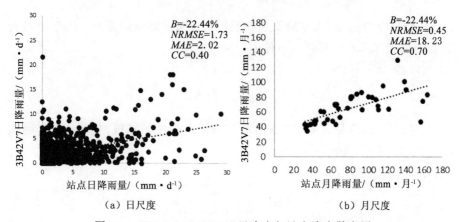

图 7-1　TRMM 3B42V7 卫星降水与站点降水散点图

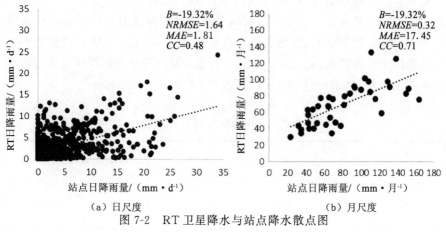

图 7-2　RT 卫星降水与站点降水散点图

7.3.2 降水捕捉能力评价指标

在数据比较时,除了降雨量的比较之外,还要对比 TRMM 降雨和站点降雨在降雨事件上的一致性。因此,除了上述的 4 个因子外,选取命中率 PoD (Probability of Detection)、空报率 FAR(False Alarm Ratio)和成功关键指标 CSI(Critical Success Index)3 个分类评价指标对 TRMM 降水数据在日降水事件上的探测能力进行评估。

(1)命中率 PoD

$$PoD = \frac{n_{11}}{n_{11} + n_{01}} \tag{7-5}$$

命中率反映的是 TRMM 数据产品对降水事件的识别能力。PoD 越接近于 1,表明卫星降水对日降水事件的识别能力越强。

(2)空报率 FAR

$$FAR = \frac{n_{10}}{n_{11} + n_{10}} \tag{7-6}$$

空报率反映的是 TRMM 数据产品对降水事件的错报程度。FAR 越接近于 0,错报程度越小。

(3)成功关键指数 CSI

$$CSI = \frac{n_{11}}{n_{11} + n_{01} + n_{10}} \tag{7-7}$$

成功关键指数反映的是站点观测有降雨时,TRMM 数据做出正确判断的概率。CSI 越接近于 1,事件成功的整体分数越大。式中,n_{11}、n_{01}、n_{10} 和 n_{00} 根据表 7-2 定义。n_{11} 表示 TRMM 数据和站点降水数据同时有雨的频数;n_{01} 指 TRMM 数据无雨,而站点数据有雨的频数;n_{10} 指 TRMM 数据有雨,而站点数据无雨的频数;n_{00} 表示 TRMM 数据和站点降水数据同时无雨的频数。有雨或无雨根据日降水量大小确定,本书选定阈值为 0.1 mm。

表 7-2　降水两类估计列联表

卫星降雨	实测降雨	
	有雨	无雨
有雨	n_{11}	n_{10}
无雨	n_{01}	n_{00}

TRMM 3B42V7 与 3B42RT 数据降水捕捉能力指标评价结果见表 7-3：TRMM 3B42V7 降水的 *PoD* 为 0.92，*FAR* 为 0.26，*CSI* 为 0.71；RT 降水的 *PoD* 为 0.93，*FAR* 为 0.24，*CSI* 为 0.72。说明 TRMM 3B42V7 与 RT 均能较好反映日降水事件的发生情况。

表 7-3　TRMM 3B42V7 与 3B42RT 数据降水捕捉能力指标评价结果

指标	数据类型	
	3B42V7	3B42RT
PoD	0.92	0.93
FAR	0.26	0.24
CSI	0.72	0.72

7.3.3　雨量发生率与贡献率

将日降雨分为 0～1,1～5,5～10,10～15,15～20(mm/d)6 个不同强度区间，分别求不同强度区间下站点降水及卫星降水的雨量发生率和雨量贡献率。计算公式如下。

（1）雨量发生率

$$雨量发生率 = \frac{n_i}{N} \tag{7-8}$$

（2）雨量贡献率

$$雨量贡献率 = \frac{P_i}{P} \tag{7-9}$$

式中，n_i 表示 i 区间内的降水天数；N 表示降水总天数；P_i 表示 i 区间内所有发生的降水事件的降水量总和；P 表示所有发生的降水事件的降水量总和。

图 7-3 为不同降雨强度区间内乌苏里江流域 TRMM 与站点实测日降水的发生率及其对总降水的贡献率。

由图 7-3(a)，站点观测日降水与 V7 日降水主要发生率都集中在小强度降水区间(0～1 mm 和 1～5 mm)，首先是强度区间 0～1 mm，其次是 1～5 mm。两区间站点降水的发生率之和为 83.7%，V7 降水的发生率之和为 89.3%。V7 降水的发生率比站点降水大，其差距主要在 1～5 mm 降水区间。在区间 0～1 mm，站点观测日降水对总降水的贡献率为 8.5%，V7 数据对总降水的

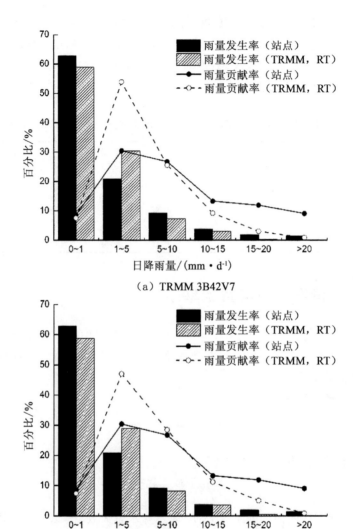

（a）TRMM 3B42V7

（b）TRMM 3B42RT

图 7-3　乌苏里江不同降水强度区间下日降水
发生率及其对总降水贡献率

　　贡献率为 7.6%，两者相差不大；但在区间 1~5 mm，站点观测日降水对总降水的贡献率为 30.4%，V7 数据对总降水的贡献率为 53.9%，V7 数据有较大的高估。在中强度降水区间(5~10 mm 和 10~15 mm)，站点观测日降水发生率为 13％,对总降水的贡献率为 40％左右,V7 数据捕捉到的降水发生率为 10％,其对总降水的贡献率为 35％,此区间两种数据发生率和贡献率均相差不大。需要特别注意的是,站点观测日降水在高强度降水区间(15～20 mm 和＞20 mm)的发生率不足 4％,但其对总降水的贡献率超过 22％,V7 数据几乎捕捉不到此区间的降水,有较大的低估。

由图 7-3(b),站点观测日降水与 RT 日降水主要发生率都集中在小强度降水区间(0～1 mm 和 1～5 mm),首先是强度区间 0～1 mm,其次是 1～5 mm。两区间站点降水的发生率之和为 83.7％,RT 降水的发生率之和为 87.7％。RT 降水的发生率比站点降水大,其差距主要在 1～5 mm 降水区间。在区间 0～1 mm,站点观测日降水对总降水的贡献率为 8.5％,RT 数据对总降水的贡献率为 7.4％,两者相差不大;但在区间 1～5 mm,站点观测日降水对总降水的贡献率为 30.4％,RT 数据对总降水的贡献率为 47.1％,RT 数据有较大的高估。在中强度降水区间(5～10 mm 和 10～15 mm),站点观测日降水发生率为 13％,对总降水的贡献率为 40％左右,RT 数据捕捉到的降水发生率为 11.5％,其对总降水的贡献率为 39.5％,此区间两种数据发生率和贡献率均相差不大。同样,在高强度降水区间(15～20 mm),RT 数据几乎捕捉不到此区间的降水,有较大的低估。

总体来说,V7 和 RT 数据的发生率与贡献率变化趋势是较为一致的,但与站点数据比较时,RT 与站点数据的差距更小一些,其日降水反演精度更高。

综上所述,TRMM 3B42V7 与 3B42RT 两种产品的日降水数据与站点降水相比,均系统偏小,且相关性不是很好,其中,3B42RT 略好于 V7 数据;与日数据相比,两者的月数据精度均有很大提高,且两种数据产品本身相差不大。

7.4　数据校正

通过以上精度评价可以看出,TRMM 卫星降水数据总体来说精度并不高,如将其应用于径流模拟,需要进一步修正。

7.4.1　加法和乘法校正

本书分别采用加法修正法和乘法修正法[214]对 2005—2014 年汛期 TRMM 3B42V7 和 3B42RT 月降水数据进行修正,具体计算公式如下:

$$\begin{cases} F_{1i} = \dfrac{\sum\limits_{t=1}^{j} \log\left(P_c(ij)+1\right) - \log\left(P(ij)+1\right)}{j} \\ JP_c(ij) = \left(P_c(ij)+1\right) \times \left(1+F_{1i}\right) - 1 \end{cases} \tag{7-10}$$

$$\begin{cases} F_{2i} = \dfrac{\sum\limits_{t=1}^{j} \dfrac{\log\left(P(ij)+1\right)}{\log\left(P_c(ij)+1\right)}}{j} \\ CP_c(ij) = \sqrt[F_{2i}]{\left(P_c(ij)+1\right)} - 1 \end{cases} \tag{7-11}$$

式中,i 表示月份($6,\cdots,9$),j 表示年份($2005,\cdots,2014$),$P(ij)$ 和 $P_c(ij)$ 分别表示第 j 年第 i 月站点降水数据和 TRMM 卫星降水数据,F_{1i} 和 F_{2i} 分别表示加法和乘法修正的修正系数,$JP_c(ij)$ 和 $CP_c(ij)$ 分别表示经过加法和乘法修正后的第 j 年第 i 月的两种 TRMM 卫星降水数据。

以 2005—2014 年汛期的站点实测降水数据为基准数据,分别计算两种方法修正后的 3B42V7 以及 3B42RT 月降雨数据的精度评价指标结果,并将其与原始 TRMM 数据的精度评价指标结果进行对比分析,见表 7-4。可以看出,无论是 V7 数据还是 RT 数据,与原始数据比较,修正后的数据都有所改善,但改善效果并不显著;两类修正方法对比,加法修正效果略好。

表 7-4 TRMM 卫星降水月数据修正结果表

指标	数据类型	原始	加法修正	乘法修正
B(%)	V7	-22.44	-16.93	-17.47
	RT	-19.32	-13.91	-14.33
NRMSE	V7	0.45	0.38	0.31
	RT	0.32	0.24	0.19
MAE	V7	18.23	13.16	14.94
	RT	17.45	11.23	12.08
CC	V7	0.70	0.79	0.77
	RT	0.71	0.82	0.81

7.4.2 校正方法改进

加法和乘法修正原理简单,可操作性强,但对研究区域卫星数据的校正结果并不理想,数据离散程度仍然较大。经过研究发现,在用乘法修正时,对公

式加以改进,会使修正结果大大改善。改进后的公式如下:

$$\begin{cases} F_{2i} = \dfrac{\displaystyle\sum_{t=1}^{j} \dfrac{\log(P(ij)+1)}{\log(P_c(ij)+1)}}{j} \\[4mm] GP_c(ij) = (P_c(ij)+1)^{F_{2i}} - 1 \end{cases} \tag{7-12}$$

研究中还需要对日降水数据进行修正,将计算得到的月修正系数直接运用到当月的日降雨数据,采用同样的公式计算,即可得出修正后的日降雨数据。

分别计算修正后的 3B42V7 和 3B42RT 日降雨数据及月降雨数据的精度评价指标结果,并将其与原始数据的指标结果对比分析,见表 7-5 和表 7-6。可以看出,无论是 V7 数据还是 RT 数据,与原始数据比较,修正后的数据都有较大改善,尤其是低估降水这一问题改变较为明显;并且与加法和乘法两类修正方法对比,修正效果好很多。而 RT 数据的各项精度评价指标结果均优于 V7 数据,尤其是日降雨数据更为明显。因此,选用改进的乘法修正法修正后的 RT 数据来进行后续的径流模拟预报研究。

表 7-5　TRMM 卫星降水月数据修正结果

指标	数据类型	原始	修正
B(%)	V7	−22.44	−7.43
	RT	−19.32	−4.21
NRMSE	V7	0.45	0.27
	RT	0.32	0.21
MAE	V7	18.23	7.16
	RT	17.45	6.23
CC	V7	0.70	0.91
	RT	0.71	0.94

表 7-6　TRMM 卫星降水日数据修正结果

指标	数据类型	原始	修正
$B(\%)$	V7	-22.44	-7.43
	RT	-19.32	-4.21
$NRMSE$	V7	1.73	0.78
	RT	1.64	0.57
MAE	V7	2.02	0.36
	RT	1.81	0.98
CC	V7	0.40	0.67
	RT	0.48	0.78

7.5　在流域水文模拟中的应用

研究中选取面积较大、资料完备的湖北闸流域进行站点降水、卫星降水以及修正后的卫星降水的径流模拟预报比较研究。水文模型则选用适用于湿润、半湿润地区的新安江模型。同时考虑卫星数据的空间分布，采用基于DEM 的分布式新安江模型。

7.5.1　水文模型简介

利用 DEM 数据，将流域划分为大小相同的矩形网格，将每个栅格作为分布式模型的最小计算单元，进行蒸散发、产流、分水源计算。通过对张力水蓄水容量和自由水蓄水容量的计算，得到每一个计算单元上的产流量，再经分水源计算后得到地表径流、壤中流和地下水。根据栅格集水面积矩阵，确定流域汇流演算次序，据此将网格上的 3 种水源分别演算至流域出口。在流域汇流演算时，首先应判断当前栅格土壤是否达到饱和含水量，如果当前网格的土壤含水量不饱和，上游来水应第一个补充其土壤含水量；如果饱和，则等同于河道栅格，上游快速径流将全部流量汇入河道中作为河道洪水演算至流域出口。模型计算流程如图 7-4 所示。

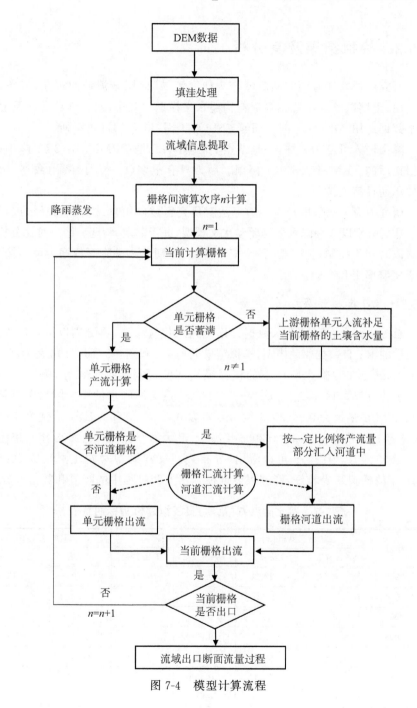

图 7-4　模型计算流程

7.5.2 模拟结果及其分析

研究以黑龙江省湖北闸流域作为研究流域,使用该流域的水文、气象、土地利用、土壤以及卫星遥感等资料构建水文模型。其中,水文气象资料及卫星降水数据选用 2005 年 6 月 1 日至 2014 年 9 月 30 日的资料序列。

降雨输入可分为 3 种:一是站点实测降雨;二是 TRMM 3B42RT 降雨;三是修正后的 TRMM 3B42RT 降雨。因为只有汛期(6～9 月)降雨数据,所以只做汛期径流模拟研究。

研究中简单地采用泰森多边形法对研究区域内雨量站的观测降水进行插值。然后分别以 3 种降水数据驱动水文模型,进行率定、验证和结果对比分析。

以时间为控制,把降雨、径流资料合并,分别以 3 种降雨数据为模型输入,用于模型率定和检验。

7.5.2.1 日模拟结果

首先以站点观测日降水数据为模型输入优选参数,再分别以 RT 日数据、校正后的 RT 日数据驱动模型,模拟结果见表 7-7 和图 7-5 所示。从表 7-7(a)可以看出,站点实测降水驱动下的模拟径流与实测径流拟合较好,确定性系数 $NSCE$ 为 0.88,相对误差 $Bias$ 为 -5.22%;站点实测降水的模拟结果年际差异较大,$NSCE$ 最优为 0.96(2006 年),最差为 0.72(2005 年);$Bias$ 最优为 1.01%(2008 年),最差为 -14.26%(2005 年);R^2 最优为 0.97(2006、2008 年),最差为 0.85(2009 年)。由图 7-5 可以看出,分布式新安江模型对湖北闸流域 2005—2014 年的模拟结果较好,能够很好地模拟出实测过程中的峰值和谷值部分。

表 7-7　湖北闸流域(汛期)日模拟评价指标结果表

年份	站点实测模拟		RT 模拟		RT 修正模拟	
	$NSCE$	$Bias/\%$	$NSCE$	$Bias/\%$	$NSCE$	$Bias/\%$
2005	0.72	-14.26	0.50	12.86	0.70	2.13
2006	0.96	1.28	0.70	-8.31	0.92	-1.98
2007	0.90	4.67	0.58	-10.14	0.81	-7.92
2008	0.95	-1.01	0.75	-8.02	0.91	-2.12
2009	0.94	-3.53	0.62	-18.35	0.90	-8.08
2010	0.88	-10.27	0.55	10.11	0.81	7.30
2011	0.86	-6.75	0.58	-3.73	0.80	-4.16

表 7-7(续)

年份	站点实测模拟		RT 模拟		RT 修正模拟	
	NSCE	Bias/%	NSCE	Bias/%	NSCE	Bias/%
2012	0.91	−6.26	0.63	−14.68	0.84	−8.91
2013	0.93	−3.81	0.73	−12.01	0.89	−5.88
2014	0.74	9.60	0.48	−26.13	0.68	−16.41
2005—2014	0.88	−4.22	0.59	−10.88	0.83	−6.61

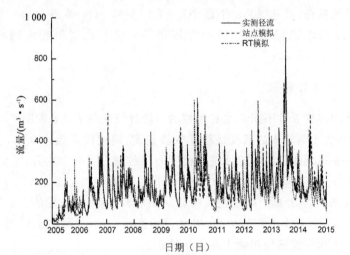

（a）RT结果对比图

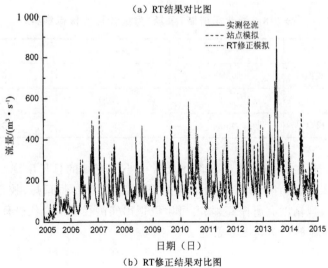

（b）RT修正结果对比图

图 7-5　湖北闸流域 2005—2014 年(汛期)日模拟结果对比图

由表 7-7(b)和图 7-5(a)可以看出,RT 降水的模拟结果不理想,确定性系数 $NSCE$ 只有 0.59;相对误差 $Bias$ 为 -11.88%,模拟径流总体较实测径流偏小。RT 数据的模拟结果年际差异也较大,$NSCE$ 最优为 0.75(2008 年),最差仅为 0.48(2014 年);$Bias$ 最优为 3.73%(2011 年),最差为 -26.13%(2014 年)。

由表 7-7(c)可以看出,经过修正后的 RT 数据对径流的模拟能力有明显提升,确定性系数 $NSCE$ 由 $0.48\sim0.75$ 提升为 $0.68\sim0.92$。RT 降水模拟的径流比实测值偏小 12% 左右,修正后的 RT 降水所模拟的径流比实测值偏小 8% 左右,其中 2006 年最小(-1.98%),2014 年最大(-16.41%)。修正后 RT 降水数据驱动的模型能够很好地模拟出实测径流的峰值和谷值,如图 7-5(b)所示。

7.5.2.2 月统计结果

湖北闸流域 3 种不同降水日模拟的月统计结果见表 7-8 和图 7-6 所示,由表可见,站点实测降水的月统计精度依然很高,确定性系数为 0.94,相对误差 $Bias$ 为 -5.22%;RT 数据的月统计精度较日数据有了较大提升,但仍不理想,确定性系数为 0.78,相对误差为 -11.88%。从图中可以看出,除了 2005 和 2010 年之外,RT 数据对峰值的模拟较实测资料偏小;修正后的 RT 数据月模拟结果很好,确定性系数为 0.92,相对误差为 -7.61%,且修正后的 RT 数据对径流峰值和谷值的模拟能力要优于修正前。

表 7-8 湖北闸流域(汛期)月统计评价指标结果

	$NSCE$	$Bias/\%$	R^2
站点实测模拟	0.94	-4.22	0.96
RT 模拟	0.78	-10.88	0.86
修正 RT 模拟	0.92	-6.61	0.95

以上结果表明,RT 数据在黑龙江省中小河流域的日尺度降水的径流模拟结果不太理想,月尺度模拟效果明显提升,但仍不是很理想;校正后 RT 日降水数据模拟精度有所提高,基本可以模拟出实测径流的变化过程,且校正后的 RT 月径流的模拟精度非常高。

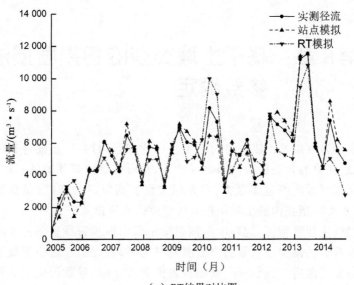

（a）RT结果对比图

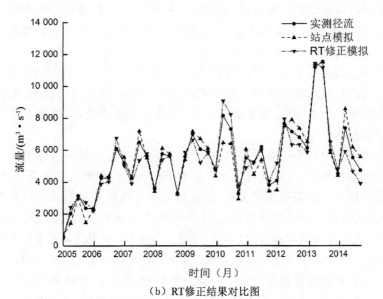

（b）RT修正结果对比图

图 7-6 湖北闸流域 2005—2014 年（汛期）月模拟结果对比图

第8章 基于土壤类型的初损后损法参数确定

山洪预警预报是山洪灾害防治工作中的难点和热点,当前存在的问题主要有:原理简单的方法经验性和地区性强,难以扩展到其他地区;具有物理基础的水文模型参数率定难度大,需要以大量实测资料为基础;包括临界雨量法、流域水文模型在内的山洪预报方法精度仍有待提高。

通过确定预警指标、构建山洪预报模型是山洪预警预报的主要方法。但是经验预报方法需要以大量历史实测资料为基础,而山丘区小流域往往由于社会经济发展落后、交通不便、基础设施薄弱等原因,导致历史水文资料系列短、不连续,甚至完全缺乏。实测资料的短缺或不充分,制约了经验预报方法在山洪预报中的应用。此外,利用指标法进行山洪预警,虽然可以取得一定的防灾减灾成效,但也存在着不足:一方面只能根据具体预警指标判断山洪是否发生,决定是否发布预警,缺乏对山洪形成和洪水过程的研究;另一方面预警指标临界值大多基于统计规律得到,经验性较强,缺少一定的物理基础。通过构建具有物理基础的山洪预报模型对山丘区小流域洪水进行预报,不仅可以阐述山洪形成机制,刻画洪水涨落过程,而且具有理论依据,过程合理性和空间可扩展性强。

山洪预报模型中产流方法的选择受多因素影响,不仅要考虑到山丘区小流域的缺资料问题,还要考虑流域气候和下垫面条件预判方法是否合理、效果是否可以接受。降雨径流相关图、径流系数等方法在某些情况下仍具有重要地位,但其地区性和经验性较强,对实测资料有一定要求,实际使用中存在较多局限性;在我国湿润地区应用广泛的新安江模型,利用流域蓄水容量曲线法进行产流计算,尽管具有预报精度高、物理依据强的优点,但模型参数较多,且需要历史资料进行参数率定;同样,受资料限制,山丘区小流域的流域下渗能力曲线难以拟定,这在一定程度上限制了其在山洪预报中的应用;初损后损法和 SCS 曲线法的应用范围比较广,具有待定参数少、结构简单的优点,在山洪预报中具有一定的应用前景,但目前相关研究成果不多。

我国受山洪灾害影响的地区和人口多,每年因此造成的死亡人数和经济损失居高不下,开展山洪灾害防治工作迫在眉睫。山洪预报是山洪灾害防治的主要非工程措施,具有投资少、见效快、应用前景广的特点,可以有效降低山洪灾害造成的损失,是当前国内外研究的热点。山区洪水源短流急,汇流快、预见期短,其成因及影响因素比较复杂,同时大部分山丘区中小河流缺乏水文资料,给山洪预报带来很大的困难。针对当前山洪预报方法存在的地区经验性强、空间可扩展性弱、模型参数率定对历史资料要求高、在山洪预报中应用难度大等问题,本书尝试应用 Hydrus-1D 对不同土壤质地在不同条件下的初损后损值参数进行数值模拟的基础上,构建一个分布式初损后损法模型,对山洪过程进行模拟和预报。其中,在产流计算方面参考了美国农业水土保持局开发的 SCS 模型,该模型在我国的应用研究较多,也取得了一定的成果。该方法结构简单、计算方便,同时具有一定的理论依据,空间可扩展性较强,是山洪预报研究的新思路。

8.1　初损后损法

初损后损法是常用的产流计算方法之一,它是对实际应用限制较多的下渗曲线法的简化,将流域复杂的下渗过程概化成两个阶段,即初损和后损阶段[215]。初损后损法中产流前的降雨损失称为初损,用 I_0 表示,是指土壤在既定初始含水量条件下从降雨开始直到产流出现所消耗的降水量,包括冠层截流、填洼和产流前的下渗量;产流后的平均降雨损失称为后损,用平均后损率 f_0 表示,指产流出现后土壤稳定消耗掉的降水量,主要是流域产流后的下渗损失。

初损值与流域前期的降水、蒸发等气象状况有关,研究分干燥、中等、湿润,即初始有效饱和度为 0.1、0.5、0.9 三种土壤湿度情况。初损与后损值与降雨强度有关,一般来说降雨强度越大初损与后损值越小,研究中针对不同土壤质地区分若干种降水强度来分析初损后损参数。

8.1.1　原理概述

确定了初损和后损值,就能快速估算出一场降水的产流量。图 8-1 是利用初损后损法计算产流量的示意图。

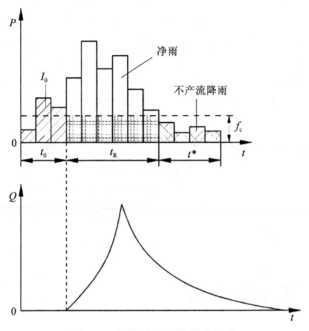

图 8-1 初损后损法计算产流量

用初损后损法计算时段净雨量的公式如下：

$$R_i = \begin{cases} 0 & \sum P_i < I_0 \text{ 或 } P_i < f_c \\ P_i - f_c \times \Delta t & \sum P_i > I_0 \text{ 或 } P_i > f_c \end{cases} \tag{8-1}$$

式中，R_i、P_i 分别为时段 i 的净雨量和降雨量，mm；I_0 为初损值，mm；f_c 为平均后损率，mm/h；Δt 为时段长，h。

一场降雨产生的径流量计算公式为：

$$R = P - I_0 - f_c \times t_R - P_0 \tag{8-2}$$

式中，P、R 为场次降雨量及其对应的径流量，mm；t_R 为产流历时，h；P_0 为降雨后期不产流的雨量，mm；其他符号意义同上。

8.1.2 参数确定

使用初损后损法的关键在于确定初损值 I_0 和平均后损率 f_c。即使对于同一流域，由于降雨特性和前期影响雨量的不同，各场次降雨的初损也可能差异很大。对于小流域,特别是山丘区小流域而言,由于汇流时间短,流域出口断面的起涨点可作为产流开始时刻,因此,起涨点之前的累积降雨量可作为初损的近似值。较大的流域各点汇流时间相差较大,确定流域产流开始时刻的难度相对较大,可以通过以下两种方法估算初损值:

(1)根据降雨和雨量站空间分布情况,分析流域汇流时间,洪水起涨时刻减去汇流时间可作为开始产流时刻。

(2)把流域划分为若干面积较小的子流域,再根据小流域初损值确定方法计算各子流域的初损值,取其平均值或最大值作为该流域的初损值[216],这种方法需要知道各子流域的洪水起涨点,因而子流域的划分应综合考虑水文站位置和水文资料情况。

初损与流域初始土壤含水量、前期降雨强度关系密切,因此,可以根据历史资料分析各次洪的 W_0 和 I_0,建立 $W_0 \sim I_0$ 相关关系,还可将降雨强度 i 作为参数,构建相关性更强的 $W_0 \sim i \sim I_0$ 相关图[图 8-2(a)];考虑到植被覆盖和土地利用受季节变化影响,也可以引入月份 M 为参数,建立 $W_0 \sim M \sim I_0$ 相关图[图 8-2(b)]。根据前期降雨强度、初始土壤含水量或降雨时间,查询相关图,可以方便、快速地估算初损 I_0。

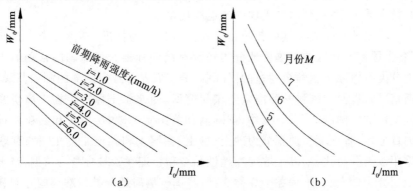

图 8-2　初损后损法 $W_0 \sim i \sim I_0$ 和 $W_0 \sim M \sim I_0$ 相关图

产流后的降雨损失并不是一成不变,土壤下渗率通常会由大变小,直至达到稳定下渗率,一般取产流后下渗率的平均值作为平均后损率 f_c。确定初损值 I_0 后,可以根据以下公式计算平均后损率:

$$f_c = \frac{P - R - I_0 - P_0}{t_R} \tag{8-3}$$

式中,t_R 为产流历时,h;其余符号意义同前。产流历时 t_R 为降雨总历时减去初损历时和后期不产流的降雨历时。

平均后损率与产流期土壤含水量、产流历时等因素有关,可以参考上述确定初损的方法,建立 $f_c \sim t_R$ 等相关关系。求得初损 I_0 和平均后损率 f_c 后,就可以根据降雨过程推求净雨过程。初损后损法在我国应用研究较多,推求 I_0 和 f_c 的理论方法也比较简单,但在实际应用中有一定难度,主要是参数初损值及平均后损率的确定对历史资料依赖性较大,目前多数研究还是根据地区经验或者通过优化、率定的方法确定 I_0、f_c。

8.2 土壤质地分类

土壤在水文循环中起着至关重要的调节作用,其水力特性(持水、输水能力)和水文状态(含水量及其分布)直接关系到降落至地面的雨量的再分配,影响着地面径流和下渗的比例,又决定了土壤蓄水和地下水的补给情况。组成土壤的颗粒粒径大小、排列及组成比例称为土壤质地,它决定着土壤的输水特性和持水能力,关系到水在土壤中的运动规律。

土壤质地分类以土壤中各粒径所占百分比作为标准,具体分类方法有很多,各个国家或地区的土壤质地分类还没有统一标准。目前国内常用的土壤质地分类有国际土壤学会通过的国际制、美国农业部拟定的美国制和苏联(卡庆斯基)制,以及中国科学院南京土壤研究所、西北水土保持生物土壤研究所共同拟定的中国制等[217]。其中,国际制和美国制按砂粒、粉粒和黏粒 3 种粒径的百分比,将土壤质地划分为砂土、壤土、黏壤土和黏土 4 类 12 种;苏联制则采用双级分类法,即以土壤中物理性黏粒和物理性砂粒含量为依据,将土壤质地划分为砂土、壤土和黏土 3 类 9 种;我国土壤质地分类标准与国际制和美国制类似,按照砂粒、粗粉粒和黏粒的含量,划分为砂土、壤土、黏土 3 类 11 种。

本节选用美国农业部(USDA)土壤质地分类标准。USDA 拟定的土壤质地分类标准根据砂粒($0.02 \sim 2$ mm)、粉粒($0.002 \sim 0.02$ mm)和黏粒(<0.002 mm)的组成比例不同[218],对土壤质地类型划分为砂土、壤质砂土、砂质壤土等 12 种,每种土壤都有对应的编码。表 8-1 是 USDA 土壤质地分类及其主要水力特征参数。对于颗粒级配已知的土壤,可以根据土壤质地分类三角图查询其对应的土壤质地分类[219]。

表 8-1　USDA 土壤质地分类及其主要水力特征参数

编码	土壤类型	θ_r	θ_s	α	n	K_s	l
		—	—	1/cm	—	cm/h	—
1	砂土(sand)	0.045	0.43	0.145	2.68	29.70	0.5
2	壤质砂土(loamy sand)	0.057	0.41	0.124	2.28	14.59	0.5
3	砂质壤土(sandy loam)	0.065	0.41	0.075	1.89	4.42	0.5
4	粉质壤土(silt loam)	0.067	0.45	0.020	1.41	0.45	0.5
5	粉质土(silt)	0.034	0.46	0.016	1.37	0.25	0.5
6	壤土(loam)	0.078	0.43	0.036	1.56	1.04	0.5
7	砂质黏壤土(sandy clay loam)	0.100	0.39	0.059	1.48	1.31	0.5
8	粉质黏壤土(silty clay loam)	0.089	0.43	0.010	1.23	0.07	0.5
9	黏壤土(clay loam)	0.095	0.41	0.019	1.31	0.26	0.5
10	砂质黏土(sandy clay)	0.100	0.38	0.027	1.23	0.12	0.5
11	粉质黏土(silty clay)	0.070	0.36	0.005	1.09	0.02	0.5
12	黏土(clay)	0.068	0.38	0.008	1.09	0.20	0.5

　　表中，θ_r、θ_s 分别为凋萎含水量、饱和含水量，α、n、l 均为 v-G 模型中的参数，K_s 为饱和水力传导度，主要水力特征参数来源于 Hydrus-1D 提供的土壤数据库，均基于抽样统计得到。

8.3　初损后损参数库构建方法

　　受实测资料限制，确定 I_0 和 f_c 的理论方法在实际应用时有一定难度，大多数学者还是根据地区经验或者通过优化、率定的方法确定 I_0、f_c，这显然缺乏一定的物理基础。本书尝试基于 Hydrus-1D 数值模拟，给出各土壤质地类型在不同降雨强度和不同初始含水量条件下的初损后损参数。

8.3.1 Hydrus-1D 软件介绍

Hydrus 是用于模拟饱和-非饱和土壤中水、热、盐耦合运动的软件,可以考虑植物根系吸水对水、热、盐运动规律的影响,它由美国盐碱实验室和加利福尼亚大学河滨分校共同研制,包括 Hydrus-1D、Hydrus-2D 和 Hydrus-2D/3D 三个系列。

Hydrus-1D 的开发者为 J.Simunek、M.Sejna 和 M.Th.van Genuchten 等人,它仅考虑土壤中水分等要素的垂向运动,可用于模拟土壤水分运动规律,也可以通过反解功能(Inverse Solution)反演土壤水力参数。Hydrus-1D 采用修改后的 Richards 方程作为水流控制方程,可选择 van-Genuchten、Modified van-Genuchten、Broods-Corey 或 Kosugi 模型来描述土壤水力特性,用 Galerkin 有限元法数值求解 Richards 方程。此外,考虑到已知条件、模拟对象的不同,模型还内置 Feddes 模型、S 形函数模拟根系吸水情况,提供 FAO 推荐的 Penman-Montheith 公式、Hargreaves 公式或能量平衡法估算蒸发量,可以自动处理日蒸发量、降水量的时间分配。Hydrus-1D 可以设置多种水流边界条件,其中上边界条件包括定水分通量、定压力水头、大气边界等 6 种,下边界条件包括自由排水、深层排水、水平排水、渗漏面等 8 种,初始条件包括已知土壤水势和已知含水量两类。用户根据自身需要,可以选择输出指定时间节点的土壤水分分布、指定深度土壤的水分随时间的变化等情况。由于原理清楚、使用简单、人机交互性强等特点,Hydrus-1D 在农业、地下水、环境等领域的使用较多[220-221]。

8.3.2 Richards 方程与 van-Genuchten 模型

1931 年 Richards 根据 Darcy 定律和质量平衡原理推导出土壤水流运动的控制方程——Richards 方程,该方程是描述土壤水分运动规律的基本方程,它忽略了土壤中空气、温度的影响,适用于模拟各向同性、均质土壤及不可压缩流体。根据考虑对象的不同,Richards 方程可分为一维、二维和三维,一维仅考虑水流的垂向运动,二维、三维用于模拟水流在垂直平面和三维空间上的运动。根据方程中变量的不同,又分为以下 3 种基本形式(以二维为例)[222]。

（1）基于土壤水势 h 的 Richards 方程

$$C(h)\frac{\partial h}{\partial t}-\frac{\partial}{\partial x}\left[K\frac{\partial h}{\partial x}\right]-\frac{\partial}{\partial z}\left[K\frac{\partial h}{\partial z}\right]-\frac{\partial K}{\partial z}-U=0 \tag{8-4}$$

（2）基于土壤含水率 θ 的 Richards 方程

$$\frac{\partial \theta}{\partial t}-\frac{\partial}{\partial x}\left[D\frac{\partial \theta}{\partial x}\right]-\frac{\partial}{\partial z}\left[D\frac{\partial \theta}{\partial z}\right]-\frac{\partial K}{\partial z}=0 \tag{8-5}$$

（3）基于 h 和 θ 的混合形式 Richards 方程

$$\frac{\partial \theta}{\partial t}-\frac{\partial}{\partial x}\left[K\frac{\partial h}{\partial x}\right]-\frac{\partial}{\partial z}\left[K\frac{\partial h}{\partial z}\right]-\frac{\partial K}{\partial z}-U=0 \tag{8-6}$$

公式（8-4）至公式（8-6）中，h 为土壤水势，L；θ 为土壤体积含水率，L^3/L^3；x、z 分别为水平、垂直距离，L，其中 z 向下为正；D 为非饱和土壤的水分扩散率，L；K 为非饱和土壤导水率，L/T；t 为时间，T；$C(h)$ 为比水容量；U 为源汇项，$L^3/(L^3 \cdot T)$。

上述 3 种 Richards 方程形式可以相互转化，其中，基于 θ 的 Richards 方程仅能用于非饱和带土壤水分运动求解，基于 h 的 Richards 方程在求解时要求时间和空间步长较小，计算效率较低，混合形式的 Richards 方程具有较好的模拟效果和计算精度，是土壤水分运动模拟的常用形式[223]。

Richards 方程中随时间变化的量有 3 个：土壤含水量 θ、土壤水势 h 和非饱和土壤导水率 K，这三者之间的关系称为土壤水分运动本构关系，它是求解 Richards 方程的前提条件。$\theta \sim h$、$\theta \sim K$ 之间的关系分别称为土壤水分特征曲线模型 $\theta(h)$、非饱和水力传导度模型 $\theta(K)$，通常 $\theta(K)$ 可由 $\theta(h)$ 推求得到[224-225]。Hydrus-1D 提供了常用的 van-Genuchten 模型[226]、改进 van-Genuchten 模型[227]、Broods-Corey 模型[228] 和 Kosugi 模型[229] 来表达土壤水分特征曲线，其中 van-Genuchten 模型函数形式相对复杂，包括 5 个独立参数，但适用于描述大多数土壤水力特性，拟合效果较好，在实际中应用广泛[230-231]，具体表达式如下：

$$\theta(h)=\begin{cases}\theta_r+\dfrac{\theta_s-\theta_r}{[1+|\alpha h|^n]^m},&h<0\\[2mm]\theta_s,&h\geqslant 0\end{cases} \tag{8-7}$$

$$K(h)=K_s S_e^l\left[1-(1-S_e^{1/m})^m\right]^2 \tag{8-8}$$

式中，θ_s 为饱和体积含水量 $[L^3 \cdot L^{-3}]$；θ_r 为残余体积含水量，即最大分子持水量 $[L^3 \cdot L^{-3}]$；K_s 为饱和水力传导度 $[L \cdot T^{-1}]$；l 一般取 0.5；α 为土壤介质参数 $[L^{-1}]$；m、n 为土壤水分特征曲线的形状参数 $[-]$，其中 $m=1-1/n$；

S_e 为有效饱和度[—], $S_e = \dfrac{(\theta - \theta_r)}{(\theta_s - \theta_r)}$。

实践中,若利用 van-Genuchten 模型表征土壤水分特征曲线, θ_s、θ_r、α、n 和 K_s 等 5 个参数的确定是重点和难点。这些参数可以通过直接拟合法、间接确定法和反演法得到,直接拟合法是利用实验数据进行曲线拟合求参;间接确定法主要通过分析颗粒级配等土壤特性估算参数;反演法则是将实测含水量、土壤水势等数据代入模型反推参数。Hydrus-1D 中提供了美国农业部 12 种土壤类型的土壤水力参数经验值,用户也可以通过输入土壤颗粒级配来估算参数,或选择反解功能来反演参数。

8.3.3 初损后损参数表构建方法

研究中尝试基于 Hydrus-1D 模拟不同降雨强度下的土壤下渗过程,据此构建不同土壤质地类型的初损后损参数库,具体流程如下(流程图见图 8-3)。

(1) 模拟对象设置:仅模拟水分运动,忽略根系吸水的影响。

(2) 模拟土层设置:包括长度单位、土壤分层数量、土壤种类数量、模拟土层厚度及坡度的设定,本节模拟地表以下 200 cm 均质土壤的下渗规律。

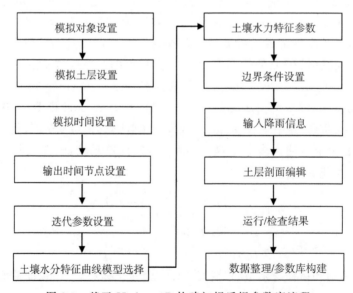

图 8-3 基于 Hydrus-1D 构建初损后损参数库流程

（3）模拟时间设置：模拟时长 360 min，初始、最小、最大时间步长暂定为 0.1、0.001 和 1 min，可以根据计算结果调整，随时间变化的边界条件数据为 360 个，即假设每分钟降雨量已知。

（4）输出时间节点设置：选择默认数据。

（5）迭代参数设置：关系到模拟效率和计算是否有收敛性，最大迭代次数、允许含水量误差、允许土壤水势误差分别设为 20、0.01 和 0.1，可以根据计算结果调整，其他参数选择默认值。

（6）土壤水分特征曲线模型选择：采用 van-Genuchten 模型，不考虑土壤水分特征曲线的滞后效应。

（7）土壤水力特征参数：选择土壤类型，响应水力特征参数采用 Hydrus-1D 提供的经验值，土壤分类采用的是 USDA 分类标准。

（8）边界条件设置：上、下边界条件分别设为可产流大气边界、自由排水（假设模拟土层内水流不受地下水位影响），初始条件选择土壤含水量。

（9）输入降雨信息：不考虑蒸发，输入不同强度的降雨数据。

（10）土层剖面编辑：将模拟土层离散成一维网格，设置节点数为 201，均匀分布；有效饱和度 S_e 与土壤含水量 θ 的转换关系如下：

$$S_e = \frac{(\theta - \theta_r)}{(\theta_s - \theta_r)} \tag{8-9}$$

式中，θ_s、θ_r 分别为饱和含水量、残余含水量；根据上式计算 $S_e = 0.1, 0.5, 0.9$ 时对应的土壤含水量 θ，并作为初始条件输入。

（11）运行/检查结果：模拟相应条件下的土壤下渗规律，检查计算结果的合理性，重点检查水量是否平衡（累积下渗量与累积产流量之和是否等于降雨总量，误差在可以接受范围内亦可），分析是否产流以及产流过程是否合理；若计算不收敛，或结果明显不合理，需调整相关参数重新模拟计算。

（12）数据整理/参数库构建：打开运行文件夹下名为"T_Level"的文件，查找开始产流的时间，将开始产流的时间所对应的累积产流量作为初损值，将产流后的稳定下渗率作为平均后损率，依此构建相应的初损后损参数库。

8.4　不同土壤的初损后损参数库构建

利用 Hydrus-1D 估算不同土壤在不同初始含水量、不同降雨强度下的初损值和平均后损率，构建壤土、砂土等 12 种土壤的初损后损参数表，并以壤土为例,具体分析其下渗过程和产流模拟计算结果,其余 11 种土壤的下渗及产流规律与之类似,不一一赘述。

8.4.1 壤土

根据有效饱和度 S_e 与体积含水量 θ 的关系[式(8-9)],壤土 $S_e = 0.1$,0.5,0.9 时对应的体积含水量 $\theta = 0.113, 0.254, 0.395$,饱和水力传导度 K_s 为 0.173 33 mm/min;分 0.1、0.2、0.3、0.5、0.8 和 1.0 mm/min 共 6 种降雨强度模拟壤土的下渗过程;表 8-2 至表 8-4 分别为初始 $S_e = 0.1、0.5、0.9$ 时壤土的产流模拟计算结果,基于 Hydrus-1D 构建的壤土初损后损参数见表 8-5。

表 8-2 $S_e = 0.1$ 时壤土产流模拟计算结果

降雨强度 /(mm·min⁻¹)	产流开始时间 /min	产流前累积下渗量 /mm	累积下渗量 /mm	超渗地面径流 /mm
0.1	—	—	36.0	—
0.2	184.0	36.8	67.8	4.2
0.3	66.0	19.8	75.2	32.8
0.5	22.9	11.5	78.6	101.5
0.8	10.3	8.3	79.8	208.3
1.0	7.2	7.2	80.1	280.0

表 8-3 $S_e = 0.5$ 时壤土产流模拟计算结果

降雨强度 /(mm·min⁻¹)	产流开始时间 /min	产流前累积下渗量 /mm	累积下渗量 /mm	超渗地面径流 /mm
0.1	—	—	36.0	—
0.2	98.0	19.6	64.8	7.2
0.3	34.0	10.2	68.7	39.3
0.5	11.0	5.5	70.3	109.7
0.8	4.8	3.8	70.9	217.2
1.0	3.3	3.3	71.0	289.0

表 8-4　$S_e = 0.9$ 时壤土产流模拟计算结果

降雨强度 /(mm·min⁻¹)	产流开始时间 /min	产流前累积下渗量 /mm	累积下渗量 /mm	超渗地面径流 /mm
0.1	—	—	36.0	—
0.2	20.0	4.0	61.9	10.1
0.3	6.0	1.8	62.5	45.5
0.5	1.6	0.8	62.7	117.4
0.8	0.6	0.5	62.8	225.2
1.0	0.5	0.5	62.8	297.2

分析表 8-2 至表 8-4 可知，当降雨强度为 0.1 mm/min 时，由于降雨强度小于壤土饱和水力传导度(0.173 33 mm/min)，故不会产生超渗地面径流；当降雨强度为 0.2～1.0 mm/min 时，随着降雨历时的增加，均会出现超渗地面径流，且产流开始时间与初始有效饱和度 S_e、降雨强度 i 呈反比关系，而超渗地面径流与 S_e、i 呈正比关系，即初始 S_e 或 i 越大，相应的产流开始时间越小，超渗地面径流量越大，模拟结果与实际情况相符；随着降雨历时的增加，下渗率稳定在 0.17 mm/min 左右。

表 8-5　壤土初损后损参数表

降雨强度 i /(mm·min⁻¹)	初始有效饱和度 S_e					
	0.1		0.5		0.9	
	I_a	f_c	I_a	f_c	I_a	f_c
0.1	—	—	—	—	—	—
0.2	36.8	0.17	19.6	0.17	4.0	0.17
0.3	19.8	0.17	10.2	0.17	1.8	0.17
0.5	11.5	0.17	5.5	0.17	0.8	0.17
0.8	8.4	0.17	3.8	0.17	0.5	0.17
1.0	7.2	0.17	3.3	0.17	0.5	0.17

表 8-5 为不同降雨强度、不同初始有效饱和度情况下的初损后损参数表，其中，I_a 为初损值，mm；f_c 为平均后损率，mm/min。经分析可知，

$i=0.1$ mm/min 时不产流，即在模拟时段（360 min）内不会产生超渗地面径流；$i \geqslant 0.2$ mm/min 时均会产流，且 S_e、i 对产流的初损值影响较大，而对后损基本没有影响。S_e、i 越大，初损值越小，该结果从理论角度分析是合理的，与实际情况也相符。

8.4.2　砂土

砂土有效饱和度 $S_e=0.1,0.5,0.9$ 时对应的体积含水量 $\theta=0.084,0.238,0.392$，饱和水力传导度 K_s 为 4.95 mm/min；由于砂土的粒径和孔隙大，裸土情况下通常不会出现超渗地面径流，降雨下渗主要满足包气带缺水量或形成地下径流，本书选择 1、3 和 5 mm/min 共 3 种强降雨模拟其下渗过程。与壤土的降雨产流特性类似，砂土的产流开始时间与 S_e 呈反比关系，超渗地面径流与 S_e 呈正比关系，基于 Hydrus-1D 构建的砂土初损后损参数见表 8-6。

表 8-6　基于 Hydrus-1D 构建的砂土初损后损参数

降雨强度 /(mm·min^{-1})	初始有效饱和度 S_e					
	0.1		0.5		0.9	
	I_a	f_c	I_a	f_c	I_a	f_c
1.0	—	—	—	—	—	—
3.0	—	—	—	—	—	—
5.0	178.3	4.95	115.0	4.95	45.0	4.95

由表 8-6 可知，在模拟时段（360 min）内，降雨强度 $i=1,3$ mm/min 时不会出现超渗地面径流；$i=5$ mm/min 时会出现产流，且有效饱和度 S_e 对初损值影响较大，而对后损基本没有影响，S_e 越大，初损值越小。实际中，降雨强度不是很大但历时较长时，也会出现产流，这是由于降雨下渗量超过包气带缺水量而形成地下径流；对于山丘区小流域而言，洪水急涨急落，构成山洪灾害的径流成分以地表径流为主，这种情况下采用 Hydrus-1D 估算的初损后损参数具有一定依据。实际初损值和平均后损率要比表中数据小，一般需要引入流域蓄水容量等概念对表中数据加以修正。

8.4.3 壤质砂土

壤质砂土有效饱和度 $S_e = 0.1, 0.5, 0.9$ 时对应的体积含水量 $\theta = 0.092$, $0.234, 0.375$，饱和水力传导度 K_s 为 2.431 95 mm/min；与砂土情况类似，壤质砂土也不易形成超渗地面径流，降雨一般用于满足包气带缺水量或形成地下径流，选择 1、2、3 和 5 mm/min 共 4 种强降雨模拟其下渗过程，基于 Hydrus-1D 构建的壤质砂土初损后损参数见表 8-7。

表 8-7 基于 Hydrus-1D 构建的壤质砂土初损后损参数

降雨强度 /(mm·min^{-1})	初始有效饱和度 S_e					
	0.1		0.5		0.9	
	I_a	f_c	I_a	f_c	I_a	f_c
1.0	—	—	—	—	—	—
2.0	—	—	—	—	—	—
3.0	26.4	2.4	15.0	2.4	4.8	2.4
5.0	10.5	2.4	5.6	2.4	1.4	2.4

表 8-7 表明壤质砂土在模拟时段（360 min）内，降雨强度 $i = 1, 2$ mm/min 时不会出现超渗地面径流；$i \geqslant 3$ mm/min 时会出现产流，且有效饱和度 S_e 和降雨强度 i 对初损值影响较大，S_e 或 i 越大，初损值越小。需要说明的是，表中初损值为裸土情况下发生超渗地面径流前的累积下渗量，没有考虑地下径流；平均后损率与稳定下渗率一致，忽略了流域植被覆盖、土地利用等因素的影响。对于山洪而言，一方面由于径流成分以地面径流为主，另一方面流域水文资料短缺，所以通过这种简化处理得到的初损后损参数仍有参考意义。

8.4.4 砂质壤土

砂质壤土有效饱和度 $S_e = 0.1, 0.5, 0.9$ 时对应的 $\theta = 0.100, 0.238, 0.376$；饱和水力传导度 K_s 为 0.736 806 mm/min，分 0.5、0.7、0.8、0.9、1.0 和 1.2 mm/min 共 6 种降雨强度模拟砂质壤土的下渗过程。砂质壤土的模拟降雨产流特性与壤土一致，即产流开始时间与 S_e、i 呈反比关系，而超渗地面径流与 S_e、i 呈正比关系，其初损后损参数见表 8-8。

表 8-8　砂质壤土初损后损参数

降雨强度 /(mm·min⁻¹)	初始有效饱和度 S_e					
	0.1		0.5		0.9	
	I_a	f_c	I_a	f_c	I_a	f_c
0.5	—	—	—	—	—	—
0.7	—	—	—	—	—	—
0.8	40.8	0.74	22.4	0.74	5.6	0.74
0.9	27.0	0.74	15.3	0.74	3.6	0.74
1.0	23.0	0.74	11.0	0.74	2.5	0.74
1.2	16.8	0.74	8.4	0.74	1.5	0.74

由表 8-8 可知,当降雨强度 $i \leqslant 0.7$ mm/min 时,砂质壤土在模拟时段 (360 min)内不会产生超渗地面径流;$i \geqslant 0.8$ mm/min 时出现产流,且 S_e、i 直接影响初损值 I_a 的大小,而对后损值 f_c 基本没有影响;S_e、i 越大,初损值越小,这与实际相符,与壤土的情况一致。

8.4.5　粉质壤土

粉质壤土有效饱和度 $S_e = 0.1, 0.5, 0.9$ 时对应的 $\theta = 0.105, 0.259, 0.412$;饱和水力传导度 K_s 为 0.075 mm/min,分 0.05、0.1、0.2、0.3、0.5 和 0.8 mm/min 共 6 种降雨强度模拟粉质壤土的下渗过程。与壤土等类似,粉质壤土的产流开始时间与 S_e、i 呈反比关系,超渗地面径流与 S_e、i 呈正比关系,其初损后损参数见表 8-9。

表 8-9　粉质壤土初损后损参数表

降雨强度 /(mm·min⁻¹)	初始有效饱和度 S_e					
	0.1		0.5		0.9	
	I_a	f_c	I_a	f_c	I_a	f_c
0.05	—	—	—	—	—	—
0.1	35.3	0.096	18.5	0.073	3.3	0.072
0.2	17.3	0.081	8.6	0.073	1.3	0.071

表 8-9(续)

降雨强度 /(mm·min⁻¹)	初始有效饱和度 S_e					
	0.1		0.5		0.9	
	I_a	f_c	I_a	f_c	I_a	f_c
0.3	12.7	0.079	6.1	0.075	0.8	0.070
0.5	9.3	0.078	4.2	0.071	0.6	0.071
0.8	7.4	0.078	3.3	0.073	0.4	0.072

表 8-9 表明,当降雨强度 $i=0.05$ mm/min 时,粉质壤土在模拟时段 (360 min)内不会产生超渗地面径流;$i \geqslant 0.1$ mm/min 时均会出现产流,且有效饱和度 S_e、降雨强度 i 对初损值 I_a 影响较大,对后损值 f_c 的影响甚微。S_e、i 越大,I_0 越小,f_c 也有减小的趋势,但趋势不明显。

8.4.6　粉质土

粉质土有效饱和度 $S_e=0.1,0.5,0.9$ 时对应的 $\theta=0.077,0.247,0.417$;饱和水力传导度 K_s 为 0.041 667 mm/min,分 0.01、0.05、0.1、0.2、0.3 和 0.5 mm/min 共 6 种降雨强度模拟粉质土的下渗过程。与壤土等类似,粉质土的产流开始时间与 S_e、i 呈反比关系,超渗地面径流与 S_e、i 呈正比关系,其初损后损参数见表 8-10。

表 8-10　粉质土初损后损参数表

降雨强度 /(mm·min⁻¹)	初始有效饱和度 S_e					
	0.1		0.5		0.9	
	I_a	f_c	I_a	f_c	I_a	f_c
0.01	—	—	—	—	—	—
0.05	—	—	—	—	5.1	0.041
0.1	23.5	0.066	11.7	0.047	1.8	0.041
0.2	13.8	0.058	6.5	0.045	1.0	0.038
0.3	10.9	0.057	5.0	0.045	0.7	0.041
0.5	8.7	0.056	3.8	0.045	0.5	0.041

由表 8-10 可知,当降雨强度 $i=0.01$ mm/min 时,粉质土在模拟时段 (360 min)内不会产生超渗地面径流; $i=0.05$ mm/min 时,初始 $S_e=0.1$ 或 0.5时不产流,初始 $S_e=0.9$ 时则出现产流,这是因为初始含水量大,土壤下渗率小,容易形成超渗地面径流; $i \geqslant 0.1$ mm/min 时均会出现产流,且 S_e、i 对初损值 I_a 影响较大,对后损值 f_c 的影响较小; S_e、i 越大,I_0 越小,f_c 也呈微弱的减小趋势,这从理论角度分析是合理的,与实际情况也一致。

8.4.7 砂质黏壤土

砂质黏壤土有效饱和度 $S_e=0.1,0.5,0.9$ 时对应的 $\theta=0.129,0.245,0.361$;饱和水力传导度 K_s 为 0.218 333 mm/min,分 0.2、0.3、0.5、0.8 和 1.0 mm/min共 5 种降雨强度模拟其下渗过程。与壤土等类似,砂质黏壤土的产流开始时间与 S_e、i 呈反比关系,超渗地面径流与 S_e、i 呈正比关系。基于 Hydrus-1D 构建的砂质黏壤土初损后损参数见表 8-11。

表 8-11　基于 Hydrus-1D 构建的砂质黏壤土初损后损参数

降雨强度 /(mm·min⁻¹)	初始有效饱和度 S_e					
	0.1		0.5		0.9	
	I_a	f_c	I_a	f_c	I_a	f_c
0.2	—	—	—	—	—	—
0.3	34.8	0.237	19.2	0.227	4.5	0.218
0.5	14.0	0.235	7.5	0.227	1.5	0.218
0.8	8.0	0.235	4.2	0.227	0.8	0.218
1.0	6.4	0.235	3.2	0.227	0.6	0.218

表 8-11 表明,当降雨强度 $i=0.2$ mm/min 时,砂质黏壤土在模拟时段 (360 min)内不会产生超渗地面径流; $i \geqslant 0.3$ mm/min 时均会出现产流,且 S_e、i 对初损值 I_a 影响较大,对后损值 f_c 的影响较小; S_e、i 越大,I_0 越小; S_e 越大,f_c 呈减小的趋势,这与粉质土的结果一致。

8.4.8 粉质黏壤土

粉质黏壤土有效饱和度 $S_e=0.1,0.5,0.9$ 时对应的体积含水量 $\theta=0.123$,

0.260,0.396;饱和水力传导度 K_s 为 0.011 667 mm/min,分 0.01、0.05、0.1、0.2、0.3、0.5 和 0.8 mm/min 共 7 种降雨强度模拟粉质黏壤土的下渗过程。与壤土等类似,粉质黏壤土的产流开始时间与 S_e、i 呈反比关系,超渗地面径流与 S_e、i 呈正比关系。基于 Hydrus-1D 构建的粉质黏壤土初损后损参数见表 8-12。

表 8-12　基于 Hydrus-1D 构建的粉质黏壤土初损后损参数

降雨强度 /(mm·min⁻¹)	初始有效饱和度 S_e					
	0.1		0.5		0.9	
	I_a	f_c	I_a	f_c	I_a	f_c
0.01	—	—	—	—	—	—
0.05	—	—	11.8	0.033	1.9	0.016
0.10	9.8	0.038	5.7	0.030	0.9	0.016
0.20	5.7	0.036	3.2	0.029	0.5	0.016
0.30	4.5	0.036	2.4	0.029	0.3	0.016
0.50	3.4	0.035	1.8	0.029	0.2	0.016
0.80	2.8	0.035	1.4	0.029	0.1	0.016

由表 8-12 可知,当降雨强度 $i=0.01$ mm/min 时,粉质黏壤土在模拟时段(360 min)内不会产生超渗地面径流;$i=0.05$ mm/min 时,初始 $S_e=0.1$ 不会产流,初始 $S_e=0.5$ 或 0.9 则产流,这是因为初始含水量较大时容易形成超渗地面径流;$i \geqslant 0.1$ mm/min 时均会发生产流,且初损值 I_a 受 S_e、i 的影响较大,S_e、i 越大,I_0 越小;平均后损率与 S_e 也有一定关系,S_e 越大,f_c 有减小的趋势,该结果与粉质土、砂质黏壤土类似。

8.4.9　黏壤土

黏壤土有效饱和度 $S_e=0.1,0.5,0.9$ 时对应的体积含水量 $\theta=0.127$,0.253,0.379;饱和水力传导度 K_s 为 0.043 333 mm/min,分 0.01、0.05、0.1、0.2、0.3 和 0.5 mm/min 共 6 种降雨强度模拟其下渗过程。与壤土等类似,黏壤土的产流开始时间与 S_e、i 呈反比关系,超渗地面径流与 S_e、i 呈正比关系,其初损后损参数见表 8-13。

表 8-13　黏壤土初损后损参数

降雨强度 /(mm · min^{-1})	初始有效饱和度 S_e					
	0.1		0.5		0.9	
	I_a	f_c	I_a	f_c	I_a	f_c
0.01	—	—	—	—	—	—
0.05	—	—	14.9	0.041	2.5	0.039
0.10	14.0	0.047	6.8	0.040	1.0	0.041
0.20	9.1	0.044	4.2	0.043	0.5	0.038
0.30	6.8	0.043	3.4	0.043	0.4	0.038
0.50	6.3	0.043	2.7	0.044	0.3	0.038

由表 8-13 可知,当降雨强度 $i=0.01$ mm/min 时,黏壤土在模拟时段 (360 min)内不会产生超渗地面径流;$i=0.05$ mm/min 时,初始 $S_e=0.1$ 不会产流,初始 $S_e=0.5$ 或 0.9 则产流;$i \geq 0.1$ mm/min 时均会发生产流,且初损值 I_a 与 S_e、i 的关系密切,S_e、i 越大,I_a 越小;平均后损率与 i 的关系不明显,与 S_e 有一定关系,S_e 越大,f_c 越小,该结果与粉质土等类似。

8.4.10　砂质黏土

砂质黏土有效饱和度 $S_e=0.1,0.5,0.9$ 对应的 $\theta=0.128,0.240,0.352$;饱和水力传导度 K_s 为 0.02 mm/min,分 0.01、0.05、0.1、0.2、0.3 和 0.5 mm/min 共 6 种降雨强度模拟其下渗过程。砂质黏土的产流开始时间与 S_e、i 呈反比关系,超渗地面径流与 S_e、i 呈正比关系。基于 Hydrus-1D 构建的砂质黏土初损后损参数见表 8-14。

表 8-14　基于 Hydrus-1D 构建的砂质黏土初损后损参数

降雨强度 /(mm · min^{-1})	初始有效饱和度 S_e					
	0.1		0.5		0.9	
	I_a	f_c	I_a	f_c	I_a	f_c
0.01	—	—	—	—	—	—
0.05	—	—	4.2	0.018	0.6	0.015

表 8-14(续)

降雨强度 /(mm·min^{-1})	初始有效饱和度 S_e					
	0.1		0.5		0.9	
	I_a	f_c	I_a	f_c	I_a	f_c
0.10	12.4	0.040	3.0	0.019	0.4	0.014
0.20	9.1	0.039	2.4	0.019	0.3	0.014
0.30	3.6	0.036	2.0	0.019	0.2	0.014
0.50	2.7	0.036	1.8	0.019	0.2	0.014

由表 8-14 可知,当降雨强度 $i=0.01$ mm/min 时,砂质黏土在模拟时段(360 min)内不会产生超渗地面径流;$i=0.05$ mm/min 时,初始 $S_e=0.1$ 不会产流,初始 $S_e=0.5$ 或 0.9 则产流;$i \geqslant 0.1$ mm/min 时均出现产流,且初损值 I_a 与 S_e、i 的关系密切,S_e、i 越大,I_0 越小;平均后损率与 S_e 有一定联系,S_e 增大,f_c 呈减小的趋势。

8.4.11　粉质黏土

粉质黏土的土壤质地紧密,颗粒细、孔隙小,初始含水量较小(干燥)时土壤水势极低,Hydrus-1D 求解 Richards 方程易出现不收敛或结果不合理的情况,故对于粉质黏土只模拟有效饱和度 S_e 为 0.5 和 0.9 的下渗情况,相应的体积含水量 θ 分别为 0.215 和 0.331;饱和水力传导度 K_s 为 0.03 mm/min,分 0.01、0.05、0.1、0.2、0.3 和 0.5 mm/min 共 6 种降雨强度模拟其下渗过程。与壤土等类似,即产流开始时间与 S_e、i 呈反比关系,超渗地面径流与 S_e、i 呈正比关系。基于 Hydrus-1D 构建的粉质黏土初损后损参数表见表 8-15。

表 8-15　基于 Hydrus-1D 构建的粉质黏土初损后损参数

降雨强度 /(mm·min^{-1})	初始有效饱和度 S_e			
	0.5		0.9	
	I_a	f_c	I_a	f_c
0.01	—	—	—	—
0.05	3.9	0.015	0.7	0.007

表 8-15（续）

降雨强度 /(mm·min⁻¹)	初始有效饱和度 S_e			
	0.5		0.9	
	I_a	f_c	I_a	f_c
0.10	2.4	0.015	0.4	0.007
0.20	1.7	0.014	0.2	0.007
0.30	1.5	0.014	0.1	0.007
0.50	3.4	0.014	0.1	0.007

表 8-15 表明，当降雨强度 $i = 0.01$ mm/min 时，粉质黏土在模拟时段（360 min）内不产生超渗地面径流；$i \geqslant 0.05$ mm/min 时出现产流，且 S_e、i 对初损值 I_a 影响较大，S_e、i 越大，I_0 越小；S_e 对平均后损率 f_c 有一定影响，S_e 越大，f_c 越小。

8.4.12　黏土

黏土有效饱和度 $S_e = 0.1, 0.5, 0.9$ 对应的 $\theta = 0.099, 0.224, 0.349$；饱和水力传导度 K_s 为 0.033 33 mm/min，分 0.01、0.05、0.1、0.2、0.3 和 0.5 mm/min 共 6 种降雨强度模拟黏土的下渗过程。黏土的产流开始时间与 S_e、i 呈反比关系，超渗地面径流与 S_e、i 呈正比关系。基于 Hydrus-1D 构建的黏土初损后损参数表见表 8-16。

表 8-16　基于 Hydrus-1D 构建的黏土初损后损参数

降雨强度 /(mm·min⁻¹)	初始有效饱和度 S_e					
	0.1		0.5		0.9	
	I_a	f_c	I_a	f_c	I_a	f_c
0.01	—					
0.05	—	—	—	—	7.3	0.037
0.10	15.7	0.056	15.5	0.055	2.9	0.036
0.20	8.4	0.054	8.2	0.052	1.4	0.036
0.30	6.4	0.054	6.2	0.052	1.0	0.036
0.50	4.8	0.054	4.6	0.051	0.7	0.036

分析表 8-16 可知,当降雨强度 $i=0.01$ mm/min 时,黏土在模拟时段(360 min)内不会产生超渗地面径流;$i=0.05$ mm/min 时,初始 $S_e=0.1$ 和 0.5 不会产流,初始 $S_e=0.9$ 则产流;$i \geqslant 0.1$ mm/min 时均出现产流,且 S_e、i 对初损值 I_a 影响较大,S_e、i 越大,I_0 越小;S_e 对平均后损率 f_c 有一定影响,S_e 越大,f_c 越小。

第 9 章 初损后损参数库在 山洪预警中的应用

前文介绍了指定土壤质地后初损后损参数的确定方法,并建立了不同降雨强度、不同初始含水量条件下的初损后损参数库,但实际流域中的土壤质地一般不是均匀分布的,初始土壤含水量对应的有效饱和度也不一定为 0.1、0.5 或 0.9,所以需要根据不同土壤的初损后损参数库计算流域的初损后损参数。

流域的土壤类型分布可以通过卫星、遥感数据得到,或者基于现有的土壤数据库,如世界土壤数据库(HWSD)、全国土壤普查成果等,分析土壤质地成分,再根据颗粒级配和土壤质地分类三角坐标图,按照 USDA 土壤质地分类标准予以分类。结合所建模型对研究区格网划分和流域土壤质地分布情况,提取流域内不同初始土壤含水量和不同降雨强度条件下初损后损参数的空间分布情况,实际应用时结合流域初始土壤含水量或者前期降雨情况,确定每个栅格单元的初损后损值。

通过上述方法得到的流域初损后损参数只是一个参考值,与实际情况有所差距,一方面是由于流域初损后损参数库是基于点上土壤下渗规律得到,涉及由点到面的转换,往往需要校正;另一方面是由于未考虑植被覆盖及土地利用、下垫面空间分布等因素对雨洪过程的影响。

9.1 分布式初损后损法模型

建模基本思路:基于 GIS 技术和 DEM 数据将目标流域划分为规则格网,流域内每个格网单元的产流计算方法为初损后损法,初损值和平均后损率通过查找前文构建的初损后损参数库确定,之后通过分布式汇流计算流域出口断面的径流过程。

9.1.1 流域特征提取

流域特征包括流域面积、流域坡度、河流水系、河长及其比降、最长汇流路径等,分布式水文预报方案及水文模型的构建离不开流域特征参数。近年来,计算机和 GIS 技术、DEM 数据产品日趋成熟,并与水文模型密切结合,已成为提取流域特征参数的常用方法和有效手段,特别是与地理信息结合的分布式水文模型,已成为当前研究的热点内容,而基于 DEM 提取流域特征参数是该研究的关键[232-233]。水文学与计算机科学相结合,可以快速获取研究区域的相关流域特征参数,这推动了水文模型的发展[61],目前提取流域特征的技术已日趋成熟,相关软件也层出不穷,例如 Brigham Young 大学开发的WMS(Watershed Modeling System)软件,RSI(Research System Inc)开发的 RiverTools,Garbrecht 开发的 TOPAZ 工具,ArcGIS 中内置的 Hydrology 工具集,ESRI 公司和美国德克萨斯大学奥斯汀分校共同开发的 Arc Hydro Tools,以及 HEC 开发的 HEC-GeoHMS 等。HEC-GeoHMS 是 ArcGIS 中的一个扩展工具,具有获取简单、操作方便的优点。总体上,这些工具各有优势和不足之处,其中 Hydrology 工具集、Arc Hydro Tools 操作相对烦琐,TOPAZ 工具没有可视化界面。本书利用 HEC-GeoHMS 提取流域特征和水系,包括划分子流域,提取流域面积、坡度、河网、河长及比降等信息。

9.1.2 汇流计算

在分布式水文模型中,截留、产流、土壤水运动、蒸发等水分垂向运动的描述尺度仅在数米以内,而地表水、土壤水、地下水移动和聚集的横向描述尺度常在几十米到数千千米[234]。因此,除了极少数微观流域的水文过程通过数学物理方程进行三维拟合外,大多数分布式水文模型都借助各种假定和概化,把三维水文过程剖分成垂向一维的产流-蒸发过程和横向准二维(单流向法)或二维(多流向法)的汇流过程两个部分,两个部分逐时段交错计算,模型的所有单元通过汇流网络串接成分布式空间结构。所以说汇流结构是大多数分布式水文模型空间描述的关键。

流域中每个网格都对应一个或多个上游网格,整个流域的网格构成一个树状结构,出口点对应树根。模型可以采用"树"这种数据结构来存储整个流域网格。

考虑到程序实现的简洁,模型采用"树"的一种顺序存储结构:使用数组存储网格树,计算区域的出口点存储在数组下标 1 处,越往上游的网格在数组的存储位置越靠后,每个网格带一个指针存储其下游网格在数组中的下标。数组元素建议设计成结构,结构中可以包含行号、列号、下游指针、网格属性(高程、面积、土壤、植被等)、时间维上的各种数组(插值后的降水、直接径流、土壤含水量、累积水量、流速等)。从数组尾部开始逆向遍历一次即可完成一次汇流计算。

区分坡面与河道单元的阈值与时空间步长的组合有关,并且也可以在模型中调试,对于 1 km 加 1 h 的模型一般取 15~20,坡面与河道单元可以采用相同(粗略处理)或者不同的处理方法。

对于单元之间的汇流计算,所采用公式物理机制越强,对流域汇流时间和空间过程的刻画越客观,通常也意味着计算量更庞大,对流域土壤、植被等下垫面资料要求更高。研究中试用了两个物理机制强弱不同的流速计算公式。

其一是:

$$V = kS_0^{1/2} \tag{9-1}$$

式中,V 为坡面流速度,m/s;S_0 为坡面流平均坡度;k 为坡面流速度常数,取决于流域植被覆盖和土地利用条件。

其二是:

$$V = \frac{V_m s^b A^c}{\dfrac{1}{I} \sum_{i=1}^{I} s_i^b A_i^c} \tag{9-2}$$

式中,V 为单元的计算汇流速度,m/s;V_m 为计算区域的平均汇流速度,m/s;s 是单元坡度,(°);A 为单元集水面积,m²;b、c 是指数参数,无因次;I 是计算区域的单元总数量。其中 V_m 和 b、c 需要率定。

公式(9-1)能够考虑下垫面的土地利用,具有较强的物理机制;公式(9-2)是一个更多依靠参数调试的数学模型,可以根据资料情况以及实际需要选择不同的单元间汇流计算方法。两个公式均能在上述数组的支撑下进行逐单元的汇流计算,并且能够通过参数的调试达到较好的模拟效果。

本书的目标是建立应用于资料相对缺乏的山区小流域的水文模型,故采用公式(9-1)。由此公式计算出上下游相邻栅格单元间的汇流流速后,再根据单元间的汇流路径长,得到汇流滞时 $dt_{i,j}$,对 $dt_{i,j}$ 取整求出水量 $Q_{i,j}$ 到达下一个单元需要的时段数量 n,于是就有:

$$\begin{cases} Q_{i+1,j+n} = Q_{i+1,j+n} + Q_{i,j}\,(\mathrm{d}t_{i,j} - n) \\ Q_{i+1,j+n+1} = Q_{i+1,j+n+1} + Q_{i,j}\,(n+1-\mathrm{d}t_{i,j}) \end{cases} \tag{9-3}$$

从数组的最后一个元素开始,依次把上游单元的径流汇入下游单元中,逆序扫描全部数组后即完成一个时段的汇流计算,由此完成一个单元到下一个单元的汇流计算。

9.2　模型在无资料地区的适用性检验

选取山西省 4 个典型流域验证上述模型在实际应用中的效果,因参数库构建主要考虑土壤质地的不同,选取的 4 个典型流域的土壤类型统计见表 9-1。

表 9-1　研究区各流域土壤质地类型面积占比

流域	土壤类型				
	壤土	砂壤土	粉黏壤土	砂黏土	合计
吴家窑	—	85.8%	14.2%	—	100%
北张店	63.1%	12.5%	9.6%	14.8%	100%
冷口	98.0%	2.0%	—	—	100%
乡宁	81.0%	16.6%	2.4%	—	100%

根据各流域的土壤类型查询初损后损参数库,每个流域随机选取若干场次洪水进行产汇流计算,其中产流计算中的初损后损由参数库查询结果计算而来,汇流参数则在该区域拟定之后不随子流域和洪水场次改变。

9.2.1　乡宁流域

乡宁流域位于临汾市乡宁县境内,属典型山丘区,地势东北高、西南低,水流自东北向西南汇流出境,地貌类型以山地、河谷为主,沟谷纵横,地势多变,海拔高度在 889~1 798 m,平均海拔 1 342 m。

选择乡宁流域 1982—1986 年的 5 场次洪为模拟对象,初步检验本书所构建的分布式初损后损法模型在山洪识别及预报中的适用性,重点分析汇流计算在小流域的使用效果。模型以流域内的教场坪、管头和下善关等 3 个雨量站的逐小时降雨数据为基础,将其转换为时间步长为 5 min 的降雨数据,再采用泰森多边形法计算流域降雨空间分布;对乡宁站的流量数据进行线性插值,得到同样时间步长的流量数据。各次洪模拟结果如图 9-1 至图 9-5 所示。

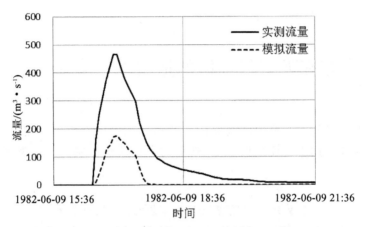

图 9-1　乡宁流域次洪 19820609 实测与模拟洪水过程

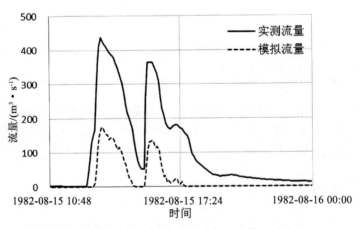

图 9-2　乡宁流域次洪 19820815 实测与模拟洪水过程

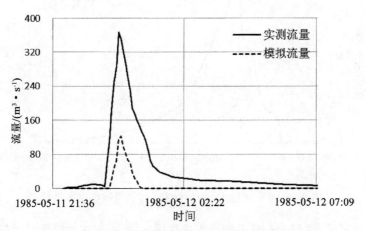

图 9-3　乡宁流域次洪 19850512 实测与模拟洪水过程

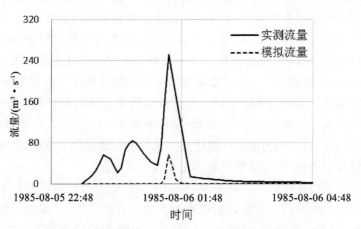

图 9-4　乡宁流域次洪 19850806 实测与模拟洪水过程

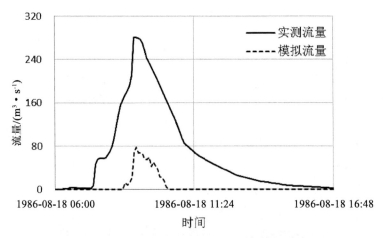

图 9-5　乡宁流域次洪 19860818 实测与模拟洪水过程

　　由图可见,模型能有效识别出 5 场次洪的发生,对主峰峰现时间的模拟比较准确,表明模型在乡宁流域山洪识别中的应用效果较好。但模型在洪水总量、洪峰流量的计算及洪水过程拟合方面的误差较大,主要表现为模型产流计算的净雨量明显比实际值小,导致模拟洪水总量和洪峰流量结果偏小,模型对于峰高量大的洪水尚能识别,而对于洪峰较小的洪水过程,模拟效果较差,例如多峰次洪 19850806,模型没能识别出主峰之前的两个较小的洪水过程。分析原因,主要是模型没有考虑植被覆盖及土地利用等下垫面因素的影响,乡宁流域土壤质地以壤土、砂壤土为主,通过数值模拟得到的初损值、平均后损率较实际值要大。此外,由于流域面积小(集水面积 334 km²),地形地质、植被覆盖等资料比较充分,为汇流计算中坡面流速的拟定提供了依据,使得模型汇流时间计算误差较小,对峰现时间的把握较为准确。

　　乡宁流域的次洪模拟结果表明,研究中所构建的初损后损参数库及分布式初损后损法模型可以有效识别峰高量大的山洪的发生,并准确模拟出洪峰出现时间,但在山洪预报方面,由于模拟洪水总量和洪峰流量明显较小,在实际应用中效果并不理想。

9.2.2　冷口流域

　　冷口流域主要位于运城市绛县冷口乡境内,属海河流域涑水河水系,冷口水文站位于绛县冷口乡洮水河上,该站控制面积 81 km²,断面以上主干河长 17 km。是典型的山丘区小流域,地势多变,总体上东南高、西北低,水流自东南向西北汇流出境,海拔高度在 552～1 621 m,高差 1 069 m,平均海拔 1 074 m。

　　模型以流域内的烟庄、西沟、王家岭和横岭关等 4 个雨量站的逐小时降雨数据为基础,将其转换为时间步长为 5 min 的降雨数据,再采用泰森多边形法计算流域降雨空间分布;对冷口站的流量数据进行线性插值,得到同样时间步长的流量数据。模型随机选择了洪峰流量相差较大的 4 场洪水,检验其对冷口流域山洪识别的效果,图 9-6 至图 9-9 为次洪的实测洪水过程和计算洪水过程。

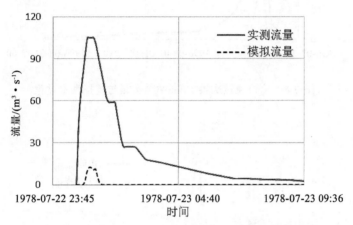

图 9-6　冷口流域次洪 19780723 实测与模拟洪水过程

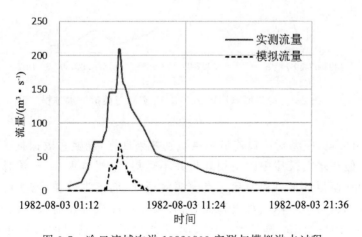

图 9-7　冷口流域次洪 19820803 实测与模拟洪水过程

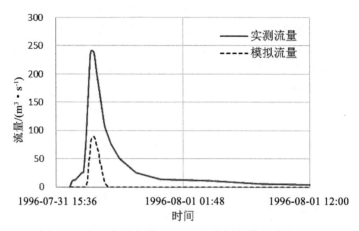

图 9-8　冷口流域次洪 19960731 实测与模拟洪水过程

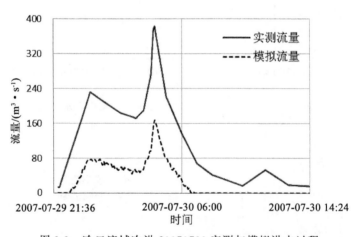

图 9-9　冷口流域次洪 20070730 实测与模拟洪水过程

　　由图可见,模型对冷口流域山洪识别效果良好,能够有效捕捉各场次洪的发生,但在水文模拟中的使用效果并不理想,主要体现在:产流计算结果整体偏小,模拟洪水过程的起涨点较实测值晚,而落洪较快,与实际退水过程差别较大;对于多峰洪水过程而言,峰值较小的次峰没有模拟出来(如次洪 20070730);相比峰高量大的洪水,小洪水模拟洪峰流量的误差更大(如次洪 19780723)。

9.2.3　吴家窑流域

　　吴家窑流域位于朔州市怀仁县吴家窑镇和大同市左云县马道头乡境内，吴家窑水文站位于吴家窑镇大峪河上，控制面积 81 km²；大峪河为桑干河支流，属海河流域永定河水系。该流域在气候上属于温带大陆性季风气候，按降雨量区分则属半湿润带。吴家窑流域地势北高南低，水流整体上自北向南流，海拔高度在 1 239～1 836 m，高差 597 m，平均海拔 1 533 m，是典型的山丘区小流域，地貌类型以山地、河谷为主，地势变化较大。

　　模型以马道头、杜家沟、四十里庄和吴家窑等 4 个雨量站的逐小时降雨数据为基础，将其转换为时间步长为 5 min 的降雨数据，采用泰森多边形法计算降雨空间分布情况；对流量数据进行线性插值，得到同样时间步长的流量数据。模型随机选择洪水形态、洪峰流量相差较大的 5 场洪水检验模型在吴家窑流域山洪识别中的应用效果，图 9-10 至图 9-14 为 5 场次洪的洪水过程模拟情况。

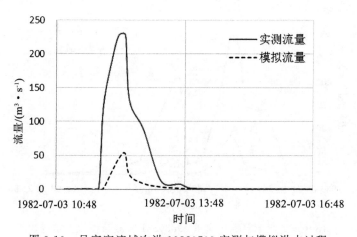

图 9-10　吴家窑流域次洪 19820703 实测与模拟洪水过程

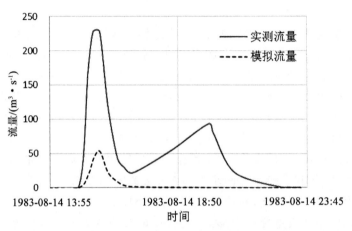

图 9-11　吴家窑流域次洪 19830814 实测与模拟洪水过程

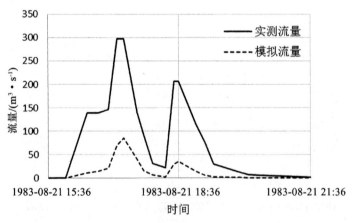

图 9-12　吴家窑流域次洪 19830821 实测与模拟洪水过程

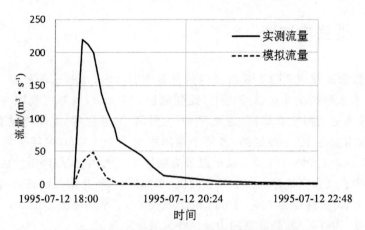

图 9-13　吴家窑流域次洪 19950712 实测与模拟洪水过程

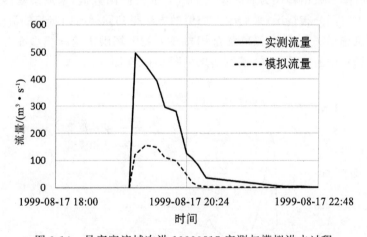

图 9-14　吴家窑流域次洪 19990817 实测与模拟洪水过程

　　由图可见,在吴家窑流域山洪识别中,模型可以有效捕捉到主要洪峰的出现,对峰现时间的刻画误差较小;而在水文模拟方面,径流量、涨落洪过程的模拟值与实际相差较大,模拟多峰洪水过程时,峰值较小的次峰难以识别(如次洪 19830814);与冷口流域模拟结果不同的是,吴家窑流域模拟洪水过程的起涨时间与实测值相差不大,但同样存在模拟洪水过程线形态"偏瘦"、模拟洪峰流量普遍偏小的问题。

9.2.4　北张店流域

北张店流域主要位于长治市屯留县张店镇境内,还有一部分位于沁县,北张店水文站位于张店镇绛河上,控制面积 272 km²,属海河流域浊漳河水系,流域内主要河流有绛河、庶纪河、西上村河、八泉河等,流域内设有里庄、西上村、南坡等 12 个雨量站,多年平均降水量为 564 mm,多年平均蒸发量为 1 776 mm;流域在气候上属于温带大陆性季风气候,按照降雨量区分则属半湿润带。北张店地势呈南北西三面高、东部低,水流从南北西三面向中东部汇流出境,海拔高度为 971～1 566 m,高差 595 m,平均海拔 1 253 m,流域内地势多变,沟谷纵横,是典型的山丘区小流域。

降雨量计算以流域内的中村、下安庄等 12 个雨量站的降雨数据为基础,将逐小时降雨数据转换为时间步长为 5 min 的降雨数据,采用泰森多边形法计算降雨空间分布情况;采用线性插值的方法得到同样时间步长的流量数据。模型随机选择洪水形态、洪峰流量相差较大的 8 场洪水检验模型在北张店流域山洪识别中的应用效果,模拟结果见图 9-15 至图 9-22。

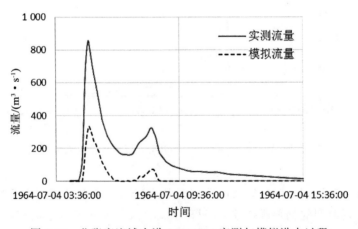

图 9-15　北张店流域次洪 19640704 实测与模拟洪水过程

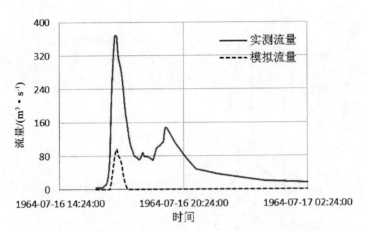

图 9-16　北张店流域次洪 19640716 实测与模拟洪水过程

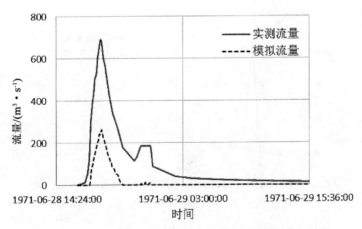

图 9-17　北张店流域次洪 19710628 实测与模拟洪水过程

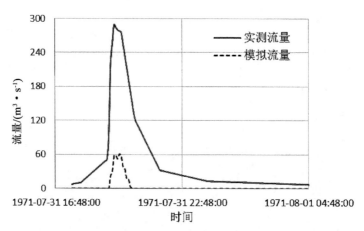

图 9-18 北张店流域次洪 19710731 实测与模拟洪水过程

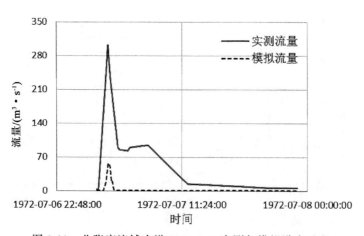

图 9-19 北张店流域次洪 19720707 实测与模拟洪水过程

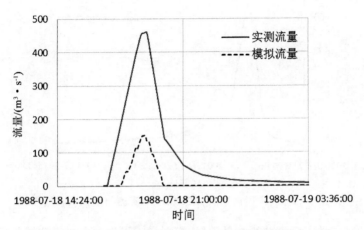

图 9-20　北张店流域次洪 19880718 实测与模拟洪水过程

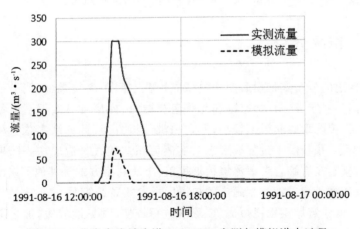

图 9-21　北张店流域次洪 19910816 实测与模拟洪水过程

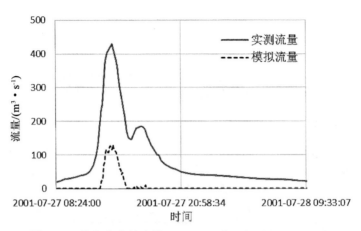

图 9-22　北张店流域次洪 20010727 实测与模拟洪水过程

与冷口、吴家窑流域的结果类似,模型能够识别出北张店流域各场洪水的发生及主峰峰现时间,但对洪水过程的模拟与实际相差较大。模拟洪水总量和洪峰流量明显小于实际,难以识别洪峰较小的洪水过程。

9.2.5　结果分析

将构建的分布式初损后损法模型应用在空间距离较远、流域形态和流域面积不同的乡宁、冷口、吴家窑和北张店流域时,模型可有效识别出各场次洪的发生,模拟峰现时间误差较小,但在山洪预报方面,计算洪水总量和洪峰流量明显偏小,预报洪水过程线形态与实测值相差较大。造成这一结果的主要原因是,模型没有综合考虑流域植被覆盖、土地利用方式等其他下垫面因素的影响,仅依据土壤质地类型确定的初损后损参数显然偏大。

山丘区小流域洪水源短流急,涨落过程较快,预见期较短,加之历史资料不足,因而要想取得理想的预报结果难度较大。然而,该模型在没有进行任何参数率定的情况下,利用构建的土壤初损后损参数库和一个简单的汇流模型,有效识别出各流域峰高量大的洪水,对于无资料地区山洪预警预报具有一定参考作用。

9.3 模型改进及其应用效果分析

上述模拟结果表明,通过构建初损后损参数库的方法建立的分布式水文模型可以有效识别出山洪的出现,但模拟洪峰和洪水总量偏小,计算洪水过程与实测值有一定差距。故研究中拟通过引入可率定的校正系数,以改善模型及参数库在山洪预报方面的应用效果。

9.3.1 初损后损参数校正

校正初损后损参数的主要原因是:基于 Hydro-1D 模拟计算得到的初损后损值是理想状态下单点的数据,在实际流域应用时、下垫面情况更加复杂,二者存在明显差异。鉴于分布式初损后算法模型的产流计算结果整体偏小,考虑对初损后损参数进行修正,具体方法是在模型中引入两个校正系数。

(1)初损值校正系数,取值范围:0.1~1,无因次。

(2)平均后损率校正系数,取值范围:0.1~1,无因次。

模型改进旨在减少所有土壤类型初损后损参数库中的值,以增加降雨产流的水量。改进后需要率定的模型参数一共有 3 个,见表 9-2。

表 9-2 改进后模型待优化参数列表

序号	参数意义	符号	单位	取值范围	用途
1	初损值校正系数	m	无	0.1~1.0	增加降雨产流量
2	平均后损率校正系数	n	无	0.1~1.0	
3	坡面流速校正系数	λ	无	0.5~1.5	调整汇流、调蓄作用

针对 4 个典型流域,分别选取不同场次的洪水进行参数率定,参数率定采用的 SCE-UA 自动优选算法。

9.3.2 乡宁流域

利用 1980—2004 年共 13 场次洪(不含验证次洪)的实测降雨和流量过程

对模型中 3 个待优化参数(初损值校正系数 m、平均后损率校正系数 n 和坡面流速校正系数 λ)进行率定,最终率定得到乡宁流域的 m、n 和 λ 分别为 0.71、0.64 和 1.01。利用率定得到模型参数 m、n 和 λ,对模型中初损值、平均后损率和汇流速度等 3 个参数进行校正,并以次洪 19820609 等 5 场洪水过程为例,验证改进后模型在乡宁流域的应用效果,结果见图 9-23 至图 9-27。

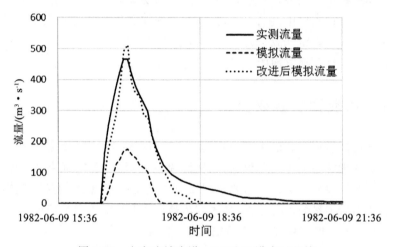

图 9-23　乡宁流域次洪 19820609 洪水过程线

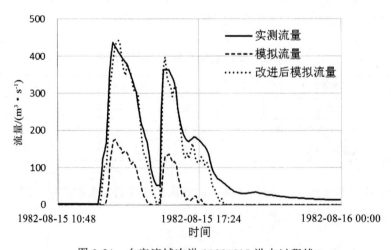

图 9-24　乡宁流域次洪 19820815 洪水过程线

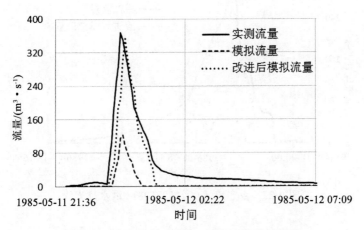

图 9-25　乡宁流域次洪 19850512 洪水过程线

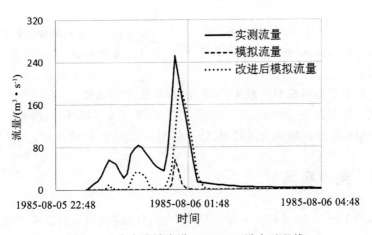

图 9-26　乡宁流域次洪 19850806 洪水过程线

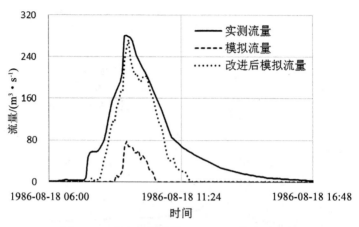

图 9-27　乡宁流域次洪 19860818 洪水过程线

9.3.3　冷口流域

利用 1979—1988 年共 6 场次洪（不含验证次洪）的实测降雨、流量过程对模型待优化参数 m、n 和 λ 进行率定，得到冷口流域的 m、n 和 λ 分别为 0.71、0.66 和 0.98。

利用率定得到模型参数 m、n 和 λ，对模型中初损值、平均后损率和汇流速度等 3 个参数进行校正，并以次洪 19780723 等 4 场洪水过程为例，验证改进后模型在冷口流域的应用效果，结果如图 9-28 至图 9-31 所示。

9.3.4　吴家窑流域

利用 1980—2000 年共 6 场次洪（不含验证次洪）的实测洪水过程对参数 m、n 和 λ 进行率定，得到吴家窑流域的 m、n 和 λ 分别为 0.61、0.18 和 1.02。利用率定得到参数 m、n 和 λ，对初损后损及汇流参数进行校正，并以次洪 19820703 等 5 场洪水过程为例，验证改进后模型在吴家窑流域的应用效果，结果如图 9-32 至图 9-36 所示。

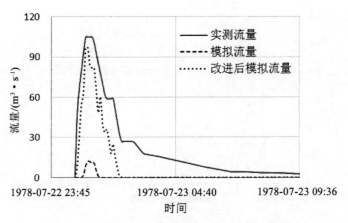

图 9-28　冷口流域次洪 19780723 洪水过程线

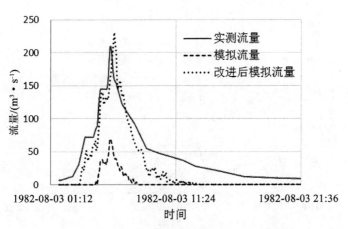

图 9-29　冷口流域次洪 19820803 洪水过程线

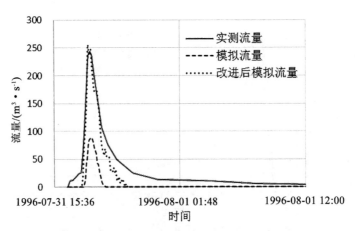

图 9-30　冷口流域次洪 19960731 洪水过程线

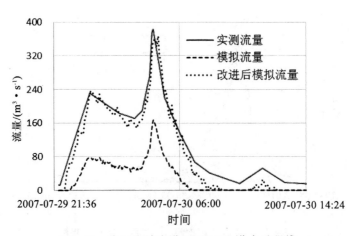

图 9-31　冷口流域次洪 20070730 洪水过程线

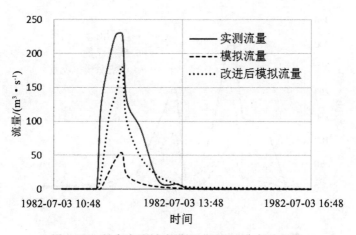

图 9-32　吴家窑流域次洪 19820703 洪水过程线

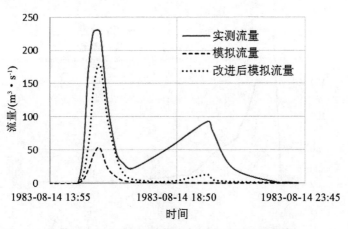

图 9-33　吴家窑流域次洪 19830814 洪水过程线

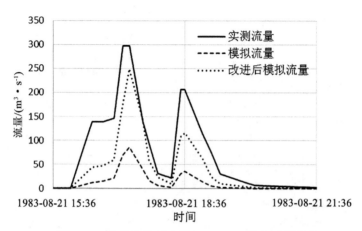

图 9-34 吴家窑流域次洪 19830821 洪水过程线

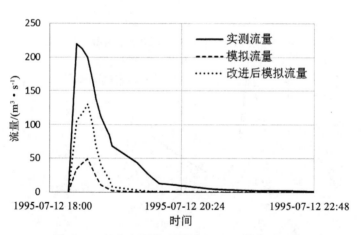

图 9-35 吴家窑流域次洪 19950712 洪水过程线

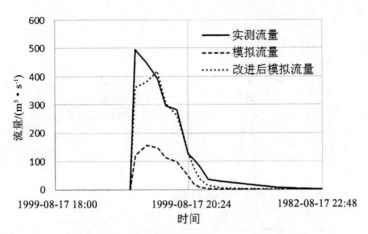

图 9-36　吴家窑流域次洪 19990817 洪水过程线

9.3.5　北张店流域

利用 1964—2004 年共 22 场次洪(不含验证次洪)的实测洪水过程对参数 m、n 和 λ 进行率定,得到北张店流域的 m、n 和 λ 分别为 0.72、0.62 和 1.01。利用率定得到参数 m、n 和 λ,对模型中初损值、平均后损率和汇流速度等 3 个参数进行校正,并以次洪 19640704 等 8 场洪水过程为例,验证改进后模型在北张店流域的应用效果,结果如图 9-37 至图 9-44 所示。

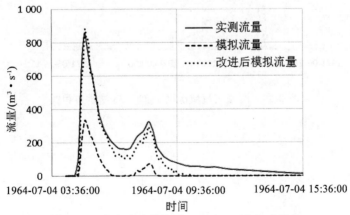

图 9-37　北张店流域次洪 19640704 洪水过程线

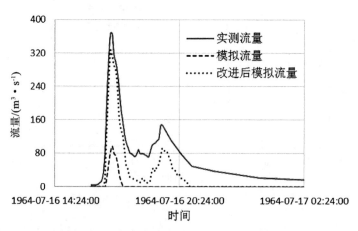

图 9-38　北张店流域次洪 19640716 洪水过程线

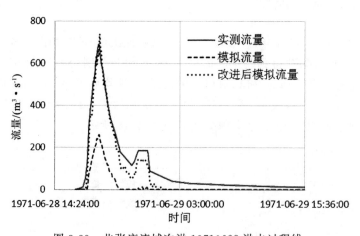

图 9-39　北张店流域次洪 19710628 洪水过程线

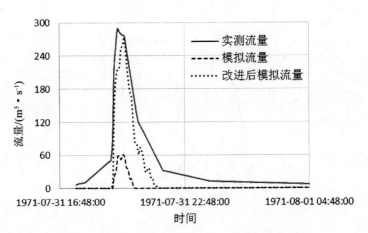

图 9-40　北张店流域次洪 19710731 洪水过程线

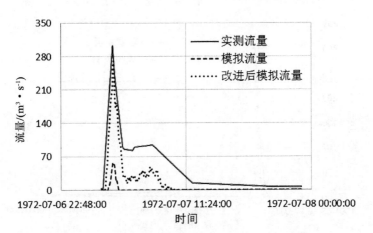

图 9-41　北张店流域次洪 19720707 洪水过程线

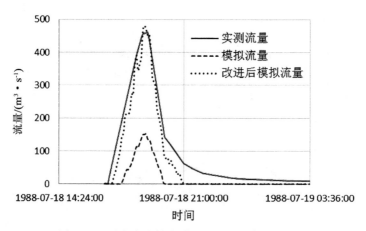

图 9-42 北张店流域次洪 19880718 洪水过程线

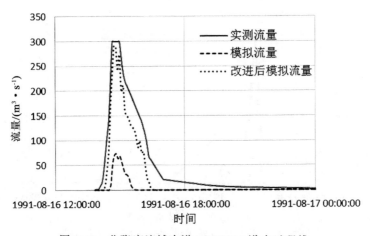

图 9-43 北张店流域次洪 19910816 洪水过程线

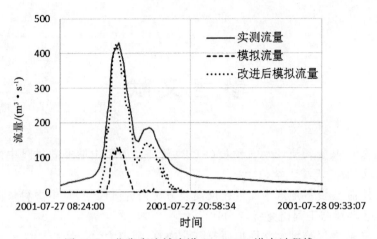

图 9-44　北张店流域次洪 20010727 洪水过程线

9.3.6　结果分析

　　通过引入初损值校正系数 m、平均后损率校正系数 n 和坡面流速校正系数 λ，对本书提出的分布式初损后损法模型进行改进。利用历史实测资料和 SCE-UA 算法，率定得到各流域的 m、n 和 λ 值，其中 λ 值较为稳定，在 1.0 左右；乡宁、冷口和北张店流域的 m、n 值差别不大，分别在 0.71～0.72、0.64～0.66 之间；由于吴家窑流域土壤质地与其他 3 个流域相差较大，以砂质壤土为主，其 m、n 值明显较低，特别是参数 n，仅为 0.18。将改进后的模型应用到乡宁等 4 个流域，结果表明：改进后模型在山洪预报上的应用效果较改进前有了较大改善，模拟洪峰流量误差显著减小，对洪峰的识别能力得到明显提高；由于汇流结构选择的原因，涨落洪过程拟合效果仍不理想，改进后模型的计算洪水总量误差仍然较大，模拟效果有进一步改善。

参 考 文 献

[1] 赵志轩.缺资料流域水文预报(PUB)及其在唐家山堰塞湖排险中的应用 [D].天津:天津大学,2009.

[2] 焦桂梅.无资料地区水文数据反演及方法研究[D].兰州:中国科学院寒区 旱区环境与工程研究所,2006.

[3] 关志成.寒区流域水文模拟研究[D].南京:河海大学,2002.

[4] SIVAPALAN M,TAKEUCHI K,FRANKS S W,et al.IAHS decade on predictions in ungauged basins(PUB),2003—2012:Shaping an exciting future for the hydrological sciences[J].Hydrological sciences journal, 2003,48(6):857-880.

[5] 李红霞.无径流资料流域的水文预报研究[D].大连:大连理工大学,2009.

[6] POST D A,JAKEMAN A J.Predicting the daily streamflow of ungauged catchments in S.E.Australia by regionalising the parameters of a lumped conceptual rainfall-runoff model[J].Ecological modelling,1999,123(2-3): 91-104.

[7] YESHEWATESFA H,ANDRÁS B.Modeling of the effect of land use changes on the runoff generation of a river basin through parameter re-gionalization of a watershed model[J].Journal of hydrology,2004,292(1): 281-295.

[8] WAGENER T,WHEATER H S.Parameter estimation and regionalization for continuous rainfall-runoff models including uncertainty[J].Journal of hydrology,2006,320(1-2):132-154.

[9] MERZ R,BLOSCHL G.Regionalization of catchment model parameters [J].Journal of hydrology,2004,287(1):95-123.

[10] XU C Y.Testing the transferability of regression equations derived from small sub-catchments to a large area in central Sweden[J].Hydrology and earth system sciences,2003,7(3):317-324.

[11] YOUNG A R.Stream flow simulation within UK ungauged catchments

using a daily rainfall-runoff model[J].Journal of hydrology,2006,320(1-2): 155-172.

[12] OUDIN L,ANDREASSIAN V C,PERRIN C,et al.Spatial proximity, physical similarity,regression and ungauged catchments:a comparison of regionalization approaches based on 913 French catchments[J].Water resources research,2008,44(3):W03413.

[13] KOKKONEN T S,JAKEMAN A J,YOUNG P C,et al.Predicting daily flows in ungauged catchments:model regionalization from catchment descriptors at the Coweeta Hydrologic Laboratory,North Carolina[J]. Hydrological processes,2003,17(11):2219-2238.

[14] 谈戈,夏军,李新.无资料地区水文预报研究的方法与出路[J].冰川冻土, 2004,26(2):192-196.

[15] 朱小荣,黄锦鑫,王朝辉.用水文比拟法推求相邻中小河流测站年径流量 [J].长江工程职业技术学院学报,2013,30(1):27-29.

[16] 刘冬梅.关于水文比拟法径流计算中径流系数修正的几点看法[J].水利 科技与经济,2014(2):88-89.

[17] 徐华.地区洪峰流量模比系数综合频率曲线法和水文比拟法计算洪峰流 量对比[J].水利科技与经济,2014,20(5):40-42.

[18] 杨鸣婵,曹波,张明.无资料地区年、月径流系列移用方法探讨[J].黑龙江 水利科技,1999(3):8-10.

[19] 姚锡良,黄程.雨型径流系数法计算小流域设计洪水的应用[J].人民珠 江,2014(4):23-25.

[20] YOKOO Y,KAZAMA S,SAWAMOTO M,et al.Regionalization of lumped water balance model parameters based on multiple regression [J].Journal of hydrology,2001,246(s1-4):209-222.

[21] SIRIWARDENA L.Estimation of SIMHYD parameter values for appli- cation in ungauged catchments[C].Melboume:modsim 05-international congress on modelling and simulation:advances and applications for managem,2005,10(3):2883-2889.

[22] ZHANG Y Q,CHIEW F H S.Relative merits of different methods for runoff predictions in ungauged catchments[J].Water resources research, 2009,45(7):4542-4548.

[23] HE Y,BÁRDOSSY A,ZEHE E.A catchment classification scheme using

local variance reduction method[J].Journal of hydrology,2011,411(1): 140-154.

[24] ONEMA J M K,Taigbenu A,Ndiritu J.Classification and flow prediction in a data-scarce watershed of the Equatorial Nile region[J].Hydrology and earth system sciences discussions,2011,16(5):1435-1443.

[25] 孔凡哲,芮孝芳.基于地形特征的流域水文相似性[J].地理研究,2003,22 (6):709-715.

[26] 井立阳,张行南,王俊,等.GIS 在三峡流域水文模拟中的应用[J].水利学 报,2004(4):15-20.

[27] 李亚伟,陈守煜,聂相田.基于 PCA 和聚类分析的相似流域选择方法[J].东 北水利水电,2004,22(7):1-3.

[28] 戚晓明,陆桂华,吴志勇,等.水文相似度及其应用[J].水利学报,2007,38 (3):355-360.

[29] 甘衍军,李兰,杨梦斐.SCS 模型在无资料地区产流计算中的应用[J].人 民黄河,2010,32(5):30-31.

[30] 李偲松,包为民,李倩.基于主成分分析的流域聚类研究[J].水电能源科 学,2012,30(3):23-26.

[31] 姚成,章玉霞,李致家,等.无资料地区水文模拟及相似性分析[J].河海大 学学报(自然科学版),2013,41(2):108-113.

[32] 赵文举,孙伟,李宗礼,等.石羊河流域无观测资料地区径流模拟[J].兰州 理工大学学报,2014,40(3):70-75.

[33] 施征,包为民,瞿思敏.基于相似性的无资料地区模型参数确定[J].水文, 2015,35(2):33-38.

[34] 庄广树.基于地貌参数法的无资料地区洪水预报研究[J].水文,2011,31 (5):68-71.

[35] 黄国如.利用区域流量历时曲线模拟东江流域无资料地区的日径流过程 [J].水力发电学报,2007,26(4):29-35.

[36] 柴晓玲.无资料地区水文分析与计算研究[D].武汉:武汉大学,2005.

[37] FISHER J B,WHITTAKER R J,MALHI Y.ET come home:potential evapotranspiration in geographical ecology[J].Global ecology and bio- geography,2011,20(1):1-18.

[38] 宋璐璐,尹云鹤,吴绍洪.蒸散发测定方法研究进展[J].地理科学进展, 2012,31(9):1186-1195.

[39] GRANIER A.A new method of sap flow measurement in tree stems [J].Annales des sciences forestières,1985,42(2):193-200.

[40] HOWELL T A,SCHNEIDER A D,JENSEN M E.History of lysimeter design and use for evapotranspiration measurements [C].Honolulu: lysimeters for evapotranspiration and environmental measurements: proceedings of the international symposium on lysimetry,1991:1-9.

[41] BOWEN L S.The ratio of heat losses by conduction and by evaporation from any water surface[J].Physical review,1926,27(6):779-787.

[42] MASSMAN W J.A simple method for estimating frequency response corrections for eddy covariance systems[J].Agricultural and forest meteorology,2000,104(3):185-198.

[43] SWINBANK W C.The measurement of vertical transfer of heat and water vapour by eddies in the lower atmosphere[J].Journal of atmospheric sciences,1951,8(3):135-145.

[44] SUN X M,ZHU Z L,WEN X F,et al.The impact of averaging period on eddy fluxes observed at ChinaFLUX sites[J].Agricultural and forest meteorology,2006,137(3):188-193.

[45] MASTRORILLI M,KATERJI N,RANA G,et al.Daily actual evapotranspiration measured with TDR technique in Mediterranean conditions[J].Agricultural and forest meteorology,1998,90(1):81-89.

[46] BISHT G,VENTURINI V,ISLAM S,et al.Estimation of the net radiation using MODIS (Moderate Resolution Imaging Spectroradiometer)data for clear sky days[J].Remote sensing of environment,2005,97(1):52-67.

[47] TRENBERTH K E,FASULLO J T,KIEHL J.Earth's global energy budget[J].Bulletin of American meteorological society,2009,90(3): 311-323.

[48] PENMAN H L.Natural evaporation from open water,bare soil and grass[J]. Proceedings of the royal society of london:A series,1948,193:120-145.

[49] BOUCHET R J.Evapotranspiration reelle et potentielle, signification climatique[J].International association of hydrological sciences publication,1963,62:134-142.

[50] ALLEN R G,PEREIRA L,HOWELL T A,et al.Evapotranspiration information reporting: I.Factors governing measurement accuracy[J].

Agricultural water management,2011,98(6):899-920.

[51] 郭晓寅,程国栋.遥感技术应用于地表面蒸散发的研究进展[J].地球科学进展,2004,2(1):107-114.

[52] JACKSON R D,REGINATO R J,IDSO S B.Wheat canopy temperature: a practical tool for evaluating water requirements[J].Water resource research,1977,13(3):651-656.

[53] CARLSON T N,CAPEHART W J,Gillies R R.A new look at the simplified method for remote sensing of daily evapotranspiration[J]. Remote sensing of environment,1995,54:161-167.

[54] KUSTAS W P,CHOUDHURY B J,MORAN M S,et al.Determination of sensible heat flux over sparse canopy using thermal infrared data[J]. Agric.forest meteoro.,1989,44(3-4):197-210.

[55] LHOMME J P, KATERJI N, BERTOLINI J M.Estimating sensible heat flux from radiometric temperature overcrop canopy[J].Boundary-layer meteorol,1992,61(3):287-300.

[56] MORAN M S,KUSTAS W P,VIDAL A,et al.Use of ground-basedremotely sensed data for surface energy balance evalua-tion of a semi-arid rangeland[J].Water resour res.,1994,30(5):1339-1349.

[57] LHOMME J P, A CHEHBOUNI.Comment ondual-source vegetation-atmosphere transfer models[J].Agricultural and forest meteorology, 1999,94:269-273.

[58] KIM C P,DARA ENTEKHABI.Impact of soil heterogeneity in a mixed-layer model of the planetary boundary layer[J].Hydrological sciences journal,1998,43(4):633-658.

[59] 辛晓洲,田国良,柳钦火.地表蒸散定量遥感的研究进展[J].遥感学报, 2003,7(3):233-240.

[60] 武夏宁,胡铁松,王修贵,等.区域蒸散发估算测定方法综述[J].农业工程学报,2006,22(10):257-262.

[61] 张仁华,孙晓敏,朱治林,等.以微分热惯量为基础的地表蒸发全遥感信息模型及在甘肃沙坡头地区的验证[J].中国科学 D 辑,2002,32(12): 1041-1050.

[62] 刘闯,葛成辉.美国对地观测系统(EOS)中分辨率成像光谱仪(MODIS) 遥感数据的特点与应用[J].遥感信息,2000(3):45-48.

［63］刘玉洁,杨忠东.MODIS 遥感信息处理原理与算法［M］.北京:科学出版社,2001.

［64］WAN Z,LI Z.A physics-based algorithm for retrieving land-surface emissivity and temperature from EOS/MODIS data［J］.IEEE Transactions on geoscience and remote sensing,1997,35:980-996.

［65］吴艾笙,钟强.黑河实验区的地表反射率与植被指数［J］.大气科学,1993,17(2):155-162.

［66］杨述平.归一化植被指数测量技术研究［J］.应用基础与工程科学学报,2004(3):328-332.

［67］NORMAN J M,KUSTAS W P,PRUEGER J H,et al.Surface flux estimation using radiometric temperature:a dual-temperature-difference method to minimize measurement errors［J］.Water resources research,2000,36(8):2263-2274.

［68］BASTIAANSEEN W G M.SEBAL-based sensible and latent heat fluxes in the irrigated Gediz Basin,Turkey［J］.Journal of hydrology,2000,229(1):87-100.

［69］ALLEN R G,JENSEN M E,WRIGHT J L,et al.Operational estimates of reference evapotranspiration［J］.Agronomy journal,1989,81(4):650-662.

［70］ALLEN R G,PEREIRA L S,RAES D,et al.Crop evapotranspiration:guidelines for computing crop water requirements［R］.Rome:FAO Irrigation and Drainage Paper no56,FAO,1998.

［71］BASTIAANSEEN W G M,BOS M G.Irrigation performance indicators based on remotely sensed data:a review of literature［J］.Irrigation and drainage systems,1999,13(4):291-311.

［72］BASTIAANSSENW G M.Remote sensing in water resources management:the state of the art［R］.Colombo:International Water Management Institute,1998.

［73］BASTIAANSSEN W G M,MENENTI M,FEDDES R A,et al.A remote sensing Surface Energy Balance Algorithm for Land (SEBAL):1.formulation［J］.Journal of hgdrology,1998a,212-213:198-212.

［74］敬书珍.基于遥感的地表特性对地表水热通量的影响研究［D］.北京:清华大学,2009.

［75］郭广猛,杨青生.利用 MODIS 数据反演地表温度的研究［J］.遥感技术与

应用,2004,19(1):34-36.

[76] 何延波,SU Z,LI J,等.SEBS 模型在黄淮海地区地表能量通量估算中的应用[J].高原气象,2006,25(6):1092-1100.

[77] BASTIAANSSEN W G M.Regionalization of surface flux densities and moisture indicators in composite terrain[D].Wageningen:Wageningen Agricultural University,1995.

[78] 李红军,雷玉平,郑力,等.SEBAL 模型及其在区域蒸散研究中的应用[J].遥感技术与应用,2005,20(3):321-325.

[79] 潘志强,刘高焕,周成虎.基于遥感的黄河三角洲农作物需水时空分析[J].水科学进展,2005,16(1):62-68.

[80] 马耀明,王介民.非均匀陆面上区域蒸发(散)研究概况[J].高原气象,1997(4):446-452.

[81] 谢贤群.遥感瞬时作物表面温度估算农田全日蒸散总量[J].环境遥感,1991,6(4):253-260.

[82] 陈添宇,陈乾,李宝梓.卫星遥感结合地面观测估算中国西北区东部地表能量通量[J].干旱地区农业研究,2006,24(3):7-15.

[83] 闵文彬.丘陵区土壤热通量遥感估算模型适应性分析[J].气象科学,2009,29(3):386-389.

[84] 谢贤群.一个改进的计算麦田总蒸发量的能量平衡:空气动力学阻抗模式[J].气象学报,1988,46(1):102-106.

[85] 赵宝君.内蒙古水文分区及分区原则[J].内蒙古农业大学学报(自然科学版),2008,29(1):125-129.

[86] 熊怡,张家桢.中国水文区划[M].北京:科学出版社,1995.

[87] 陈异植,庄希澄.福建省水文区划[J].水文,1990(3):17-21.

[88] HALL M J,MINNS A W.The classification of hydrologically homogeneous regions[J].Hydrological sciences journal,1999,44(5):693-704.

[89] WILTSHIRE S E.Regional flood frequency analysis Ⅰ:homogeneity statistics[J].Hydrological sciences journal,1986,31(3):321-33.

[90] NATHAN R J,McMAHON T A.Identification of homogeneous regions for the purpose of regionalization[J].Journal of hydrology,1990,121(1-4):217-238.

[91] 胡凤彬.水文站网规划[M].南京:河海大学出版社,1993.

[92] 陆桂华,蔡建元,胡凤彬.水文站网规划与优化[M].郑州:黄河水利出版

社,2001.

[93] 李珂.榆林地区的水文相似性分区研究与应用[D].西安:西安理工大学,2014.

[94] 张静怡.水文分区及区域洪水频率分析研究[D].南京:河海大学,2008.

[95] 马秀峰,龚庆胜.干旱地区中小河流水文站网布设原则综述:干旱地区水文站网规划论文选集[M].郑州:河南科学技术出版社,1988.

[96] MOSLEY M P.Delimitation of New Zealand hydrologic regions[J]. Journal of hydrology,1981,49(1):173-192.

[97] BOES D C,HEO J H,SALAS J D.Regional flood quantile estimation for a Weiball model[J].Water resources research,1989,25(5):979-990.

[98] GABRIELE,ARNELL N.A hierarchical approach to regional flood frequency analysis[J].Water resources research,1991,27(6):1281-1289.

[99] HOSKING J R M,WALLIS J R.Regional frequency analysis:an approach based on L-moments[M].Cambridge:Cambridge University Press,1997.

[100] ONEMA J M,TAIGBENU A E,NDIRITU J.Classification and flow prediction in a data-scarce watershed of the equatorial Nile region[J].Hydrology and Earth system sciences,2012,16(5):1435-1443.

[101] 冯平,魏兆珍,李建柱.基于下垫面遥感资料的海河流域水文类型分区划分[J].自然资源学报,2013,28(8):1350-1360.

[102] 伊璇,周丰,周璟,等.区划方法在无资料地区水文预报中的应用研究[J].水文,2014,34(4):21-27.

[103] OUDIN L,KAY A,ANDRéASSIAN V,et al.Are seemingly physically similar catchments truly hydrologically similar? [J].Water resource research,2010,46(11):W11558.

[104] WINTER T C.The concept of hydrologic landscapes[J].Journal of the American water resources association,2001,37(2):335-349.

[105] MAITREYA Y,THORSTEN W,HOSHIN G,et al.Regionalization of constraints on expected watershed response behavior for improved predictions in ungauged basins[J].Advances in water resources,2007, 30(8):1756-1774.

[106] BURN D H,BOORMAN D B.Estimation of hydrological parameters at ungauged catchments[J].Journal of hydrology,1993,143(13): 429-454.

[107] 刘金涛,王爱花,韦玉,等.流域地貌结构因子对径流特征的影响分析
[J].水科学进展,2015,26(5):631-638.

[108] 刘利峰,毕华兴.吉县蔡家川小流域水文响应相似性研究[J].水土保持
研究,2008,15(4):161-164.

[109] 胡凤彬,沈言贤,金柳文,等.流域水文模型参数的水文分区法[J].水文,
1989(1):34-40.

[110] RICHTER B D,BAUMGARTNER J V,Powell J,et al.A method for
assessing hydrologic alteration within ecosystems[J].Conservation bi-
ology,1996,10(4):1163-1174.

[111] 伊璇,周丰,王心宇,等.基于 SOM 的流域分类和无资料区径流模拟[J].
地理科学进展,2014,33(8):1109-1116.

[112] 任树梅,李靖.工程水文与水利计算[M].北京:中国农业出版社,2005.

[113] 石朋.网格型松散结构分布式水文模型及地貌瞬时单位线研究[D].南
京:河海大学,2006.

[114] 曹永强,张亭亭,徐丹,等.海河流域蒸散发时空演变规律分析[J].资源
科学,2014,36(7):1489-1500.

[115] 冷佩,宋小宁,李新辉.坡度的尺度效应及其对径流模拟的影响研究[J].
地理与地理信息科学,2010,26(6):60-62.

[116] 李莉莉,孔凡哲.基于 GIS 对新安江模型的改进初探[J].水文,2006(5):
33-37.

[117] 陈红.基于 GIS 提取流域河网密度研究的意义分析[J].环球人文地理,
2014(22):28.

[118] 孙庆艳,余新晓,胡淑萍,等.基于 ArcGIS 环境下 DEM 流域特征提取及
应用[J].北京林业大学学报,2008,30(2):144-147.

[119] RODRIGUEZ I I,VALDéS J B.The geomorphologic structure of the
hydrologic response [J]. Water resources research, 1979, 15 (6):
1409-1420.

[120] 丁文峰,张平仓,任洪玉,等.秦巴山区小流域水土保持综合治理对土壤
入渗的影响[J].水土保持通报,2007,27(1):11-14.

[121] 罗伟祥,白立强.不同覆盖度林地和草地的径流量与冲刷量[J].水土保
持学报,1990,4(1):30-35.

[122] 王礼先,张志强.干旱区森林对流域径流的影响[J].自然资源学报,
2001,16(5):439-444.

［123］MARGARET H D.数据挖掘教程［M］.郭崇慧,田凤占,靳晓明,等译.
北京:清华大学出版,2005.

［124］吴新广,刘春丽,付慧.模糊聚类分析在大庆地区非点源污染负荷中的
应用［J］.水利科技与经济,2010,16(2):159-161.

［125］ZADEH L A.Fuzzy sets［J］.Information and control,1965(8):338-353.

［126］张敏,于剑.基于划分的模糊聚类算法［J］.软件学报,2004,15(6):
858-868.

［127］李硕,许萌芽.主成分聚类分析法在宁夏水文分区中的应用［J］.水文,
2002,22(2):44-46,50.

［128］刘利峰.基于地形指数的蔡家川流域水文相似性研究［D］.北京:北京林
业大学,2006.

［129］陈守煜.相似流域选择的模糊集模型与方法［J］.水科学进展,1993,4
(4):288-293.

［130］张欣莉,丁晶,王顺久.投影寻踪分类模型评定相似流域［J］.水科学进
展,2001,12(3):356-360.

［131］SAWICZ K,WAGENER T,SIVAPALAN M,et al.Catchment classifi-
cation:Empirical analysis of hydrologic similarity based on catchment
function in the eastern USA［J］.Hydrology and earth system sciences,
2011,15:2895-2911.

［132］BEVEN K J,KIRKBY M J.A physically based,variable contributing
area model of basin hydrology［J］.Hydrological sciences bulletin,
1979,24:43-69.

［133］李艳双,曾珍香,张闽,等.主成分分析法在多指标综合评价方法中的应
用［J］.河北工业大学学报.1999,28(1):94-97.

［134］张鹏.基于主成分分析的综合评价研究［D］.南京:南京理工大学,2004.

［135］范梦歌,刘九夫.基于聚类分析的水文相似流域研究［J］.水利水运工程
学报,2015(4):106-111.

［136］EVERITT B.Cluster analysis［J］.Quality and quantity,1980,14(1):
75-100.

［137］邱超.模糊聚类分析在水文预报中的应用［J］.浙江大学学报(理学版),
2008,35(5):591-595.

［138］XIE X L,BENI G.A validity measure for fuzzy clustering［J］.IEEE
transactions on pattern analysis and machine intelligence,1991,13(8):

841-847.

[139] LVB S.SCS National engineering handbook[M].Washington:U.S.Soil Conservation Service,1971.

[140] COSBY B J,HORNBERGER G M,CLAPP R B,et al.A statistical exploration of the relationships of soil moisture characteristics to the physical properties of soils[J].Water resources research,1984,20(6): 682-690.

[141] RAGAN R M,JACKSON T J.Runoff synthesis using landsat and SCS model[J].Journal of the hydraulics division,1980,106(5):667-678.

[142] YAHYA B M,DEVI N M,Umrikar B.Flood hazard mapping by integrated GIS-SCS model[J].International journal of geomatics and geosciences,2010,1(3):489.

[143] CHAHINIAN N,MOUSSA R,ANDRIEUX P,et al.Comparison of infiltration models to simulate flood events at the field scale[J]. Journal of hydrology,2005,306(1-4):191-214.

[144] 李丽,王加虎,郝振纯,等.SCS 模型在黄河中游次洪模拟中的分布式应用[J].河海大学学报(自然科学版),2012,40(1):104-108.

[145] 穆宏强.SCS 模型在石桥铺流域的应用研究[J].水利学报,1992(10): 79-83.

[146] 张秀英,孟飞,丁宁.SCS 模型在干旱半干旱区小流域径流估算中的应用[J].水土保持研究,2003,10(4):172-174.

[147] 袁艺,史培军.土地利用对流域降雨-径流关系的影响:SCS 模型在深圳市的应用[J].北京师范大学学报(自然科学版),2001,2(1):131-136.

[148] BEVEN K J,KIRKBY M J.A physically based,variable contributing area model of basin hydrology[J].Hydrological sciences bulletin,1979, 24(1):43-69.

[149] ROBSON A J,WHITEHEAD P G,JOHNSON R C.An application of a physically based semi-distributed model to the Balquhidder catchments[J].Journal of hydrology,1993,145(3-4):357-370.

[150] 张文华.以霍顿曲线为基础的流域产流计算模型[J].水文,1985(6): 11-19.

[151] 芮孝芳.水文学原理[M].北京:中国水利水电出版社,2004.

[152] NASH J E,SUTCLIFFE J V.River flow forecasting through conceptual

models,Part I:a discussion of principles[J].Journal of hgdrology,1970,10(3):259-275.

[153] 赖佩英,岑岭.变速地貌单位线[J].合肥工业大学学报(自然科学版),1989,12(2):102-112.

[154] 姚成,章玉霞,李致家,等.无资料地区水文模拟及相似性分析[J].河海大学学报(自然科学版),2013,41(2):108-113.

[155] 芮孝芳,刘宁宁,凌哲,等.单位线的发展及启示[J].水利水电科技进展,2012,32(2):1-5.

[156] CHOI Y J,LEE G,KIM J C.Estimation of the Nash model parameters based on the concept of geomorphologic dispersion[J].Journal of hydrologic engineering,2011,16(10):806-817.

[157] LI C,GUO S,ZHANG W,et al.Use of Nash's IUH and DEMs to identify the parameters of an unequal-reservoir cascade IUH model[J].Hydrological processes,2008,22:4073-4082.

[158] NASH J E.A unit hydrograph study,with particular reference to British catchments[J].Proceedings of the institution of civil engineers,1960,17:249-282.

[159] 芮孝芳.利用地形地貌资料确定 Nash 模型参数的研究[J].水文,1999(3):6-10.

[160] 王桂林,伊学农,刘遂庆.遗传算法推求瞬时单位线参数并计算流量过程线[J].建设科技,2002(12):53-54.

[161] 张明.基于信息熵理论的流域瞬时单位线[J].人民长江,2000,31(8):23-24.

[162] 芮孝芳.地貌瞬时单位线理论的若干评论[J].水科学进展,1991,2(3):194-200.

[163] SINGH V P.Estimation of parameters of a uniformly nonlinear surface runoff model[J].Nordic hydrology,1977,8(1):33-45.

[164] 李琪,文康.地貌单位线通用公式中动力因子:流速计算的研究[J].海河水利,1989(6):6-12.

[165] 陈志明.流域地貌瞬时单位线法剖析[J].水电能源科学,1993,11(2):105-111.

[166] CHIEW F H S,SIRIWARDENA L.Estimation of SIMHYD parameter values for application in ungauged catchments[A].MODSIM-2005,A.

Zerger and R.M.Argent,Eds.,International Congress on Modeling and Simulation.Modeling and Simulation Society of Australia and New Zealand,2005,2883-2889.

[167] 周研来,郭生练,郭家力,等.VIC 模型参数的地区分布规律及在无资料流域的移用[J].水资源研究,2012,1(3):56-63.

[168] 柴晓玲,郭生练,彭定志,等.IHACRES 模型在无资料地区径流模拟中的应用研究[J].水文,2006,26(2):31-33.

[169] 李丽,王加虎,郝振纯,等.SCS 模型在黄河中游次洪模拟中的分布式应用[J].河海大学学报(自然科学版),2012,40(1):104-108.

[170] David R Maidment.水文学手册[M].张建云,李纪生,译.北京:科学出版社,2002.

[171] 王英.径流曲线法(SCS-CN)的改进及其在黄土高原的应用[D].北京:中国科学院研究生院,2008.

[172] DUAN Q,SOROOSHIAN S,GUPTA V K.Effective and efficient global optimization for conceptual rainfall-runoff models[J].Water resources research,1992,28(4):1015-1031.

[173] 郑长统,梁虹,舒栋才,等.基于 GIS 和 RS 的喀斯特流域 SCS 产流模型应用[J].地理研究,2011,30(1):185-194.

[174] 谢晓云,邓亚东,梁虹.基于 SCS 模型的岩溶地区生态恢复的水文响应研究[J].水科学与工程技术,2011(3):43-45.

[175] 贾晓青,杜欣,赵旭峰.改进 SCS 产流模型在岩溶地区径流模拟中的应用[J].人民长江,2008,39(11):25-27,30.

[176] 陈静妮.长河流域岩溶地表图例利用/覆盖类型与构成及其对 CN 值的影响[D].南昌:江西师范大学,2014.

[177] BEVEN K J,KIRKBY M J.A physically based,variable contributing area model of basin hydrology[J].Hydrological sciences bulletin,1979,24:43-69.

[178] 赵磊.一种基于模糊等价矩阵传递闭包的聚类算法[J].电脑知识与技术,2010,6(26):7343-7345.

[179] 李致家,于莎莎,李巧玲,等.降雨-径流关系的区域规律[J].河海大学学报(自然科学版),2012,40(6):597-604.

[180] 赵人俊.流域汇流模型的探讨:水文预报文集[C].北京:水利电力出版社,1994.

[181] XIANG S,LI Y,LI D,et al.An analysis of heavy precipitation caused by a retracing plateau vortex based on TRMM data[J].Meteorology and atmospheric physics,2013,122(1-2):33-45.

[182] GOOVAERTS P.Geostatistical approaches for incorporating elevation into the spatial interpolation of rainfall[J].Journal of hydrology,2000, 228(1-2):113-129.

[183] 刘元波,傅巧妮,宋平,等.卫星遥感反演降水研究综述[J].地球科学进展,2011,26(11):1162-1172.

[184] KIDD C,HUFFMAN G.Global precipitation measurement[J].Meteorological applications,2011,18(3):334-353.

[185] BEHRANGI A,KHAKBAZ B,JAW T C,et al.Hydrologic evaluation of satellite precipitation products over a mid-size basin[J].Journal of hydrology,2011,397(4):225-237.

[186] ARTAN G,GADAIN H,SMITH J L,et al.Adequacy of satellite derived rainfall data for stream flow modeling[J].Natural hazards,2007, 43(2):167-185.

[187] SAWUNYAMA T, HUGHES D A. Application of satellite-derived rainfall estimates to extend water resource simulation modelling in South Africa[J].Water SA,2008,34(1):1-9.

[188] SU F,HONG Y,LETTENMAIER D P.Evaluation of TRMM multi-satellite precipitation analysis (TMPA) and its utility in hydrologic prediction in the La Plata Basin[J].Journal of hydrometeorology, 2007,9(4):622-640.

[189] KUMMEROW C,BARNES W,KOZU T,et al.The tropical rainfall measuring mission (TRMM) sensor package [J]. Journal of atmospheric and oceanic technology,1998,15(3):809-817.

[190] KUMMEROW C,SIMPSON J,THIELE O,et al.The status of the tropical rainfall measuring mission (TRMM) after two years in orbit [J].Journal of applied meteorology,2000,39(12):1965-1982.

[191] HUFFMAN G J, ADLER R F, ARKIN P, et al. The global precipitation climatology project (GPCP) combined precipitation dataset[J].Bulletin of the american meteorological society,1997,78(1): 5-20.

[192] HUFFMAN G J,ADLER R F,BOLVIN D T,et al.The TRMM multi-satellite precipitation analysis（TMPA）:quasi-global,multiyear,com-bined-sensor precipitation estimates at fine scales[M].Berlin:Springer Netherlands,2009.

[193] HUFFMAN G J,ADLER R F,BOLVIN D T,et al.The TRMM multi-satellite precipitation analysis（TMPA）[J].Journal of hydrometeorol-ogy,2007,8(1):38-55.

[194] GEORGE J H,ROBERT F A,DAVID T B,et al.The TRMM multi-satellite precipitation analysis （TMPA）[J]. Satellite rainfall applications for surface hydrology,2009(9):3-22.

[195] COLLISCHONN B,COLLISCHONN W,TUCCI C E M.Daily hydro-logical modeling in the Amazon basin using TRMM rainfall estimates [J].Journal of hydrology,2008,360(1-4):207-216.

[196] 孙乐强,郝振纯,王加虎,等.TMPA 卫星降水数据的评估与校正[J].水利学报,2014,45(10):1135-1146.

[197] VILLARINI G,KRAJEWSKI W F.Evaluation of the research version TMPA three-hourly 0.25°×0.25° rainfall estimates over Oklahoma [J].Geophysical research letters,2007,34(5):n/a-n/a.

[198] 李剑锋,余文婧,江善虎,等.TRMM 卫星降水数据在老哈河流域的精度评估[J].水资源与水工程学报,2014,25(5):89-92,97.

[199] LIU J F,CHEN R S,HAN C T,et al.Evaluating TRMM multi-satellite precipitation analysis using gauge precipitation and MODIS snow-cover products[J].Shuikexue Jinzhan/advances in water science,2010,21(3):343-348.

[200] SCHEEL M L M,ROHRER M,HUGGEL C,et al.Evaluation of TRMM multi-satellite precipitation analysis(TMPA) performance in the Central Andes region and its dependency on spatial and temporal resolution[J].Hydrology and earth system sciences,2010,15(8):1-12.

[201] BAI A J,LIU C H,LIU X D.Diurnal variation of summer rainfall over the tibetan plateau and its neighboring regions revealed by TRMM multi-satellite precipitation analysis[J].Chinese Journal of Geophysics,2008,51(3):518-529.

[202] HONG Y, ADLER R F, HUFFMAN G J, et al. Applications of

TRMM-based multi-satellite precipitation estimation for global runoff prediction:prototyping a global flood modeling system[M].Berlin: Springer Netherlands,2010.

[203] 杨传国,余钟波,林朝晖,等.基于 TRMM 卫星雷达降雨的流域陆面水文过程[J].水科学进展,2009,20(4):461-466.

[204] LI L,HONG Y,WANG J,et al.Evaluation of the real-time TRMM-based multi-satellite precipitation analysis for an operational flood prediction system in Nzoia Basin,Lake Victoria,Africa[J].Natural hazards,2009, 50(1):109-123.

[205] HARRIS A,RAHMAN S,HOSSAIN F,et al.Satellite-based flood modeling using TRMM-based rainfall products[J].Sensors,2007,7 (12):3416-3427.

[206] CURTIS S,SALAHUDDIN A,ADLER R F,et al.Precipitation extremes estimated by GPCP and TRMM:ENSO relationships[J]. Journal of hydrometeorology,2009,8(4):678-689.

[207] WUENSCH S.X.Analysis of heavy and extreme precipitation in the Carolinas:TRMM and Gauge Data 1998—2006[A].Washington:Association of American Geographers,2009.

[208] MITRA A K,BOHRA A K,RAJEEVAN M N,et al.Daily indian precipitation analysis formed from a merge of Rain-Gauge Data with the TRMM TMPA satellite-derived rainfall estimates[J].Journal of the meteorological society of Japan,2009,87(3):265-279.

[209] 金君良.西部资料稀缺地区的水文模拟研究[D].南京:河海大学,2006.

[210] 王晓杰.基于 TRMM 的天山山区降水降尺度方法及其空间变异特征研究[D].石河子:石河子大学,2013.

[211] 刘俊峰,陈仁升,韩春坛,等.多卫星遥感降水数据精度评价[J].水科学进展,2010,21(3):343-348.

[212] 谷黄河,余钟波,杨传国,等.卫星雷达测雨在长江流域的精度分析[J].水电能源科学,2010,28(8):3-6.

[213] 胡庆芳,杨大文,王银堂,等.赣江流域 TRMM 降水数据的误差特征与成因[J].水科学进展,2013,24(6):794-800.

[214] ISLAM M N,DAS S,UYEDA H.Calibration of TRMM derived rainfall over Nepal during 1998—2007 [J].The open atmospheric

science journal,2010,4(1):12-23.

[215] 詹道江,徐向阳,陈元芳.工程水文学[M].4 版.北京:中国水利水电出版社,2010.

[216] 林益冬,孙保沭,林丽蓉.工程水文学[M].南京:河海大学出版社,2003.

[217] 张时煌,彭公炳,黄玫.基于地理信息系统技术的土壤质地分类特征提取与数据融合[J].气候与环境研究,2004,9(1):65-79.

[218] 朱鹤健,陈健飞,陈松林,等.土壤地理学[M].2 版.北京:高等教育出版社,2010.

[219] 郭彦彪,戴军,冯宏,等.土壤质地三角图的规范制作及自动查询[J].土壤学报,2013,50(6):1221-1225.

[220] 余根坚,黄介生,高占义.基于 HYDRUS 模型不同灌水模式下土壤水盐运移模拟[J].水利学报,2013,44(7):826-834.

[221] 李玮,何江涛,刘丽雅,等.Hydrus-1D 软件在地下水污染风险评价中的应用[J].中国环境科学,2013,33(4):639-648.

[222] 雷志栋,杨诗秀,谢森传.土壤水动力学[M].北京:清华大学出版社,1988.

[223] 兰旻.山坡尺度降雨产流过程宏观本构关系研究[D].北京:清华大学,2014.

[224] AYLON S C G.A simple method for determining unsaturated conductivity from moisture retention data[J].Soil science,1974,117(6):311-314.

[225] UALEM Y M.A new method for predicting the hydraulic conductivity of unsaturated porous media[J].Water resources research,1976,12(3):513-522.

[226] VAN GENUCHTEN.A Closed-form equation for predicting the hydraulic conductivity of unsaturated soils[J].Soil science society of America journal,1980,44(5):892-898.

[227] TOMAS V,MILENA C.On the reliability of unsaturated hydraulic conductivity calculated from the moisture retention curve[J].Transport in porous media,1988,3(1):1-15.

[228] BROOKS R,COREY A.Hydraulic properties of porous media[R].Fort Collins,Colorado:Colorado State University,1964.

[229] KOSUGI K.Lognormal distribution model for unsaturated soil hydraulic properties[J].Water resources research,1996,32(9):2697-2703.

[230] 查元源.饱和-非饱和水流运动高效数值算法研究及应用[D].武汉:武汉大学,2014.

[231] 赵晨霞.饱和-非饱和土壤渗流过程中 Richards 方程的分析与计算[D]. 兰州:兰州大学,2016.

[232] SINGH V.Kinematic wave modeling in water resources,environmental hydrology[M].New York:John Wiley and Sons,Inc.,1997.

[233] 王加虎,郝振纯,李丽.基于 DEM 和主干河网信息提取数字水系研究[J]. 河海大学学报(自然科学版),2005,33(2):119-122.

[234] 王光谦,刘家宏.黄河数字流域模型[J].水利水电技术,2006,37(2): 15-21.